C++
에센스

C++ ESSENCE

전병선 저

WOWbooks
와우북스

C++ 에센스

· 인 쇄   1쇄 발행 2013년 2월 12일
· 저 자   전 병 선
· 발 행   와우북스
· 출 판   와우북스
· 본문디자인   포 인
· 표지디자인   포 인

· 등 록   2008년 3월 4일   제313-2008-000043호
· 주 소   마포구 연남동 223-102 유일빌딩 3층
· 전 화   02)334-3693   팩스 02)334-3694
· e-mail   mumongin@wowbooks.kr
· 홈페이지   www.wowbooks.co.kr
· ISBN   978-89-94405-12-4   13560

· 가 격   21,000원

1989년 3월로 기억된다. 당시엔 꽤나 유명했던 Byte라고 하는 영문 잡지에서 객체지향에 관한 특집 기사를 실었다. 나뭇잎과 원소를 예로 객체지향 개념을 설명하였는데 그땐 무슨 말인지 도통 이해하기 어려웠지만, '이걸 공부해야 먹고 살겠구나!' 라는 생각이 들었다. 이렇게 해서 처음 시작한 객체지향 언어가 C++다. 그리고 처음 C++ 프로그래밍 언어에 관한 책을 쓴 것이 1995년의 일이다. 그 이후로 많은 시간이 흘렀고 다양한 기술들이 생겨났다가 없어지기를 반복하였다. 그러나 현재 모든 기술의 모태가 되는 객체지향 언어, 특별히 C++ 언어는 아직도 굳건하게 그 자리를 지키고 있다. 내가 지금까지의 소프트웨어 개발자로서, 여러 권의 소프트웨어 개발 관련 책을 쓴 저자로서의 삶을 정리하는 시작점을 C++ 언어를 선택한 이유도 이 때문이다.

이 책은 소프트웨어 개발자로서 실무에서 프로그래밍하는 데 필요한 C++ 언어의 핵심만을 담았다. 우리가 우리말이나 영어를 이해하기 위해 국문법이나 영문법을 모두 알아야 하는 것이 아닌 것처럼 C++ 언어의 문법을 모두 알아야 프로그래밍을 할 수 있는 것은 아니다. 따라서 실무에서 거의 사용되지 않거나 불필요한 다중 상속multiple inheritance과 같은 주제는 과감하게 생략하였다.

그러나 객체지향의 기본 개념이나 C++ 언어에서 중요한 개념은 충실히 설명하였다. 특별히 많은 사람이 어려워하는 포인터와 레퍼런스, 클래스와 객체, 상속성, 다형성 등과 같은 개념과 C++ 언어에서 활용 방법은 이해하기 쉽도록 상세히 설명하였다. 이 책을 읽으면서 여러분이 C++ 언어의 원리를 자연스럽게 이해할 수 있도록 하였다.

이 책은 C++ 언어에 처음으로 입문하는 사람을 위한 책이다. 그래서 이 책의 첫 번째 장은 입문자들이 C++ 프로그래밍의 전반적인 과정을 이해할 수 있도록 설명하였다.

이 책은 C++ 언어에 포함된 C 언어 요소도 함께 설명한다. 이 책의 2장에서 7장까지는 주로 C 언어와 공통적인 C++ 언어의 문법 즉, 데이터 타입과 연산자, 제어문, 포인터, 함수, 구조체에 대해 설명한다. 따라서 여러분은 C 언어 요소를 공부하기 위해 따로 다른 책을 읽을 필요가 없다.

이 책의 8장부터는 본격적으로 객체지향 언어로서 C++ 언어의 특징에 대해서 설명한다. 8장 클래스 기초에서는 객체지향과 클래스의 기본 개념, 그리고 클래스의 C++ 언어 기본 구문에 대해 설명하고, 9장과 10장에서는 상속성과 다형성에 대해 설명한다. 특별히 상속성과 다형성의 의미와 활용성에 대해 상세히 설명하며, C++ 언어의 다형성 메커니즘인 가상 함수 테이블에 대해서도 설명한다.

11장 클래스 고급에서는 C++ 언어가 제공하는 클래스와 관련된 고급 기능에 대해 설명한다. 네임스페이스, 인라인 함수, 상수 멤버 함수와 객체, 정적 멤버, 포함 객체, 연산자 오버로딩, 클래스 변환 등 고급 기능을 제공하는 주제들에 대한 원리와 활용 방법을 설명한다.

12장 템플릿에서는 템플릿 함수와 클래스를 구현하는 방법을 설명하고 C++ 표준 라이브러리에서 제공하는 자료 구조 템플릿 클래스 중에서 실무에서 많이 사용되는 것들을 간추려 이들 템플릿 클래스들을 사용하는 방법을 설명한다. 13장 예외 처리와 선행처리기 지시어에서는 C++ 예외 처리 메커니즘과 구문, 그리고 선행처리기 지시어에 대하여 설명한다.

이 책이 입문자를 대상으로 하지만, C++ 언어의 핵심 요소를 정리하고 싶은 실무 개발자들을 위한 책이기도 하다. 이 책을 읽은 후에 C++ 언어의 원리를 자연스럽게 이해함으로써 실무에서의 프로그래밍 경험이 더 향상될 것으로 기대한다. 지금까지 많은 책을 썼지만, 다시 시작하는 이 책은 나의 첫 번째 책이 된다.

이 책을 통하여 우리나라에 훌륭한 많은 개발자가 등장하기를 기원한다.

2013년 봄을 기다리며
전 병 선

목 차

1 Chapter
첫 번째 C++ 프로그램 만들기   11

1. C++ 프로그램 개발 환경 _12
2. C++ 프로그램 작성 과정 _13
3. Hello 프로그램 작성 _14
4. 기본적인 C++ 프로그램 구성요소 _15

2 Chapter
데이터 타입   23

1. 상수 constant _24
2. 데이터 타입 data type _27
3. 변수 variable _34
4. 타입 변환 casting _38
5. 상수 변수 constant variable _41
6. 열거형 enumeration _42
7. 배열 array _44

3 Chapter
연산자   49

1. 연산자 operator _50
2. 산술 연산자 arithmetic operator _51
3. 증감 연산자 _52
4. 4. 비교 연산자 comparison operator _56
5. 논리 연산자 logical operator _59
6. 대입 연산자 assignment operator _61
7. 연산자 우선순위 _62

4 Chapter

제어문 65

1. 명령문과 코드 블록 _66
2. 조건문 conditional statement _67
3. 반복문 loop statement _72

5 Chapter

포인터와 레퍼런스 79

1. 포인터 pointer _80
2. 포인터와 동적 할당 dynamic allocation _84
3. 포인터 대입 pointer assignment _86
4. 포인터와 배열 _89
5. 레퍼런스 reference _91
6. 레퍼런스와 포인터 _93

6 Chapter

함수 95

1. 함수 function _96
2. 함수 인수 전달 방식 _99
3. 변수 영역 _104
4. 매개변수 기본값 _109
5. 함수 오버로딩 function overloading _111
6. 함수 포인터 function pointer _113

7 Chapter

구조체 117

1. 구조체 structure _118
2. 구조체 선언 _118
3. 구조체 대입 __122

8 Chapter 클래스 기초 125

1. 객체지향 object orientation _126
2. 객체 object _128
3. 클래스 class _130
4. 추상적인 데이터 타입 abstract data type _131
5. 클래스 선언 _134
6. 접근 지정자 access specifier _136
7. 데이터 멤버 정의 _138
8. 멤버 함수 정의 _139
9. 인스턴스 생성과 생성자 _143
10. : (콜론) 초기화 _146
11. this 포인터 _147
12. 클래스 멤버 접근 _148
13. 소멸자 destructor _149
14. 인스턴스의 생성과 소멸 _151

9 Chapter 상속성 153

1. 상속성 inheritance _154
2. 파생 클래스 정의 _156
3. 파생 클래스의 인스턴스 생성 _158
4. 기초 클래스 멤버에의 접근 _159
5. 기초 클래스 멤버 함수 재정의 overriding _162
6. 기초 클래스와 파생 클래스 사이 변환 _163
7. 상속성의 한계 _167

10 Chapter 다형성 171

1. 다형성 polymorphism _172
2. 가상 함수 virtual function _175
3. 동적 바인딩 dynamic binding _177
4. 가상 함수 테이블 virtual function table _179
5. 추상 클래스 abstract class _181
6. 가상 소멸자 virtual destructor _182
7. 가상 함수 찬반 양론 _185

11 Chapter 클래스 고급 187

1. 네임스페이스 namespace _188
2. 인라인 함수 inline function _190
3. 상수 멤버 함수와 상수 객체 _192
4. 정적 멤버 static member _195
5. 포함 객체 embedded object _201
6. 연산자 오버로딩 operator overloading _203
7. 클래스 변환 class conversion _210

12 Chapter 템플릿 217

1. 템플릿 template _218
2. 함수 템플릿 function template _219
3. 클래스 템플릿 class template _221
4. 표준 템플릿 라이브러리 _225

13 Chapter 예외 처리와 선행처리기 지시어   229

1. 예외 처리 exception handling _230
2. 예외 처리 구문 _231
3. 선행처리기 지시어 preprocessor directives _234

Appendix 부 록   239

1. Visual Studio Express 설치 _240
2. g++ 패키지 설치 _246
3. Visual Studio Express를 사용한 Hello 프로그램 작성 _248
4. 리눅스 G++ 컴파일러를 사용한 Hello 프로그램 작성 _255

첫 번째 C++ 프로그램 만들기

프로그래밍 언어programming language를 배우는 데 가장 좋은 방법은 실제로 해보는 것이다.

백문(百聞)이 불여일견(不如一見) 즉, 백번 듣는 것보다 한번 보는 것이 더 낫다는 말이 있지만,

프로그래밍 언어를 공부할 때는 보는 것만으로는 충분하지 않다.

백번 보는 것보다는 한번 하는 것이 더 낫다. 따라서 백견(百見)이 불여일행(不如一行)인 셈이다.

이번 장에서는 우리가 C++ 프로그래밍 언어를 시작하면서

실제로 프로그램program을 작성해보고 프로그램이 어떤 요소로

구성되어 있는지 살펴보기로 한다.

1. C++ 프로그램 개발 환경

C++ 프로그래밍을 공부하기 위해서는 프로그램을 작성하고 개발할 수 있는 개발 환경development environment을 갖추어야 한다. 윈도우windows 운영체제에서는 마이크로소프트microsoft가 제공하는 Visual Studio라는 아주 훌륭한 프로그램 개발 환경을 사용할 수 있다. 개발 환경에는 기본적으로 소스 코드source code를 작성할 수 있는 텍스트 편집기와 컴파일러compiler가 포함되어 있다. 그러나 리눅스linx 운영체제에서는 특별한 프로그램 개발 환경이 없다. 그냥 텍스트 편집기인 gedit와 C++ 컴파일러인 g++를 사용하면 된다. 사실 이 정도로도 프로그램을 공부하는 데는 충분하다. 맥 운영체제에서는 Visual Studio에 필적할 수 있는 Xcode라는 개발 환경을 사용할 수 있다. 그러나 맥 운영체제에서는 C++ 언어보다 Objective-C 언어 프로그램을 더 많이 사용하므로 우리는 윈도우와 리눅스 운영체제 중에서 하나를 선택하여 프로그램을 작성하기로 한다.

윈도우 운영체제에서 Visual Studio 개발 환경을 사용하여 프로그램을 작성하려면 먼저 마이크로소프트 웹 사이트에서 Visual Studio를 다운로드하여 여러분의 컴퓨터에 설치해야 한다. 다행히 마이크로소프트는 Visual Studio Express 버전을 무료로 사용할 수 있게 한다. Visual Studio Express 버전을 설치하는 과정은 '부록 1. Visual Studio Express 설치'를 참고한다.

리눅스에는 여러 가지 다양한 운영체제가 있다. 여기에서는 비교적 가장 많이 사용하는 우분투Ubuntu를 사용하기로 한다. 우분투에서는 gcc라고 하는 C 컴파일러는 제공하지만, C++ 컴파일러인 g++를 기본적으로 제공하지는 않는다. 따라서 우분투에서 C++ 프로그램을 작성하려면 g++를 설치해야 한다. g++ 패키지를 설치하는 과정은 '부록 2. g++ 패키지 설치'를 참고한다. 소스 코드는 기본적으로 제공되는 gedit라는 텍스트 편집기를 사용하여 작성하면 된다.

2. C++ 프로그램 작성 과정

프로그램을 생성하기 위해서는 먼저 소스 코드source code를 작성하여야 한다. 소스 코드는 텍스트 편집기를 사용하면 된다. 다음에는 C++ 컴파일러로 소스 코드를 컴파일compile하여 실행 파일executable file을 빌드build 한다. 이 과정에서 소스 코드 파일을 컴파일하여 오브젝트 파일object file로 변환시키고, 생성된 오브젝트 파일들을 링크link시켜 실행 파일을 생성하게 된다.

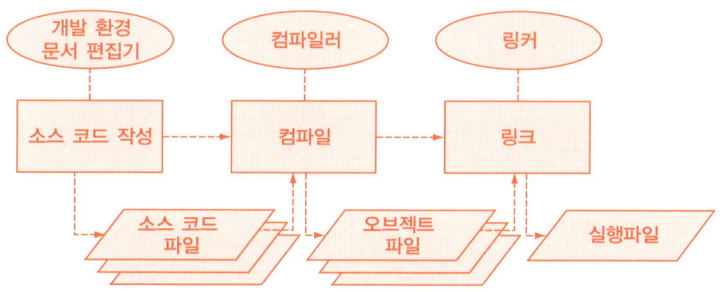

[그림 1.1] C++ 프로그램 작성 과정

원도우에서 소스 코드 파일은 .cpp 확장자를 갖는 파일로 작성되며, 오브젝트 파일은 .obj 확장자를 갖는 파일로 생성된다. 그리고 실행 파일은 .exe 확장자를 가진다.

리눅스에서도 소스 코드 파일은 .cpp 확장자를 갖는 것이 일반적이다. 전통적으로는 .cc 확장자를 갖는 파일로 소스 코드를 작성하였지만, 지금은 .cpp 확장자를 부여하는 경우가 많다. 사실 리눅스에서는 소스 코드 파일에 어떠한 확장자를 부여해도 상관없다. 오브젝트 파일은 .o 확장자를 갖는 파일로 생성되며, 실행 파일은 확장자와 관계없이 실행 속성을 가지면 된다. 기본적으로 실행 파일은 a.out이란 이름을 갖는 파일로 생성되지만, 컴파일 과정에서 실행 파일의 이름을 변경할 수 있다.

3. Hello 프로그램 작성

　그러면 이제 우리의 첫 번째 프로그램인 Hello 프로그램을 작성하기로 한다. Hello 프로그램은 전통적으로 프로그램 공부를 시작할 때 처음 작성하는 아주 간단한 프로그램이다. 먼저 개발 환경이나 텍스트 편집기를 사용하여 Hello 프로그램의 소스 코드를 작성한다. Hello 프로그램의 소스 코드는 다음과 같다.

```cpp
// 이것은 첫 번째 C++ 프로그램입니다.
#include <iostream>
#include <string>

using namespace std;

int main( )
{
    string msg = "안녕하세요? 첫 번째 C++ 프로그램입니다!";
    cout << msg << '\n';

    return 0;
}
```

　우리는 Hello.cpp라는 이름으로 소스 코드를 저장하기로 한다. 소스 코드가 작성되었다면 다음에는 소스 코드를 컴파일하여 프로그램을 빌드해야 한다.

　윈도우에서 C++ 프로그램을 빌드할 때 두 가지 방법을 사용할 수 있다. 가장 손쉬운 방법은 Visual Studio 개발 환경이 제공하는 솔루션 빌드 메뉴 항목을 선택하는 것이다. 두 번째 방법은 직접 명령창에서 컴파일 명령을 수행하는 것이다. Hello.cpp 소스 코드의 컴파일 명령은 다음과 같다.

```
cl Hello.cpp
```

이때 두 가지 경우 모두 Hello.exe라는 실행 파일을 생성해준다.

윈도우에서 소스 코드를 작성하고 컴파일하는 과정에 대해서는 '부록 3. 윈도우에서 C++ 프로그램 작성 과정'을 참고한다.

리눅스에서는 직접 명령창에서 g++ 컴파일러 명령을 수행해야 한다. Hello.cpp 소스 코드의 컴파일 명령은 다음과 같다.

```
g++ -o hello hello.cpp
```

이때 g++ 컴파일러는 hello라는 실행 파일을 생성한다.

리눅스에서 소스 코드를 작성하고 컴파일하는 과정에 대해서는 '부록 4. 리눅스에서 C++ 프로그램 작성 과정'을 참고한다.

위의 Hello 프로그램을 컴파일하여 빌드하고 실행하면 "안녕하세요? 첫 번째 C++ 프로그램입니다!"라는 메시지를 보여준다.

4. 기본적인 C++ 프로그램 구성요소

프로그램의 소스 코드를 작성하고 컴파일하여 실행까지 해봤다면 이제 Hello 프로그램을 통해 기본적인 C++ 프로그램의 각 구성요소에 대해 이해하기로 하자. 여기에서 설명하는 내용은 나중에 각 장에서 상세하게 다루게 되므로 여기에서는 프로그램 구성요소에 대해서만 개략적으로 이해하면 된다.

모든 C++ 프로그램은 main()이라고 하는 함수에서 시작한다. 그러니까 운영체제는 C++ 프로그램에서 main()이란 함수를 호출함으로써 프로그램의 실행을 시작하는 것이다. 함수function란 어떤 작업을 수행하는 코드의 묶음이다. 그러니까 C++ 프로그램은 main( ) 함수에 작성된 코드를 실행하여 작업을 수행하고 main( ) 함수의 작업이 끝나면 프로그램이 끝나게 된다. main( ) 함수는 다음과 같은 형식을 가진다.

```
int main( )
{
    // 프로그램 코드를 여기에 작성한다.
}
```

int는 C++ 언어의 키워드다. 키워드keyword란 프로그램 안에서 특별한 의미를 부여한 미리 정의된 이름이다. 이밖에도 Hello 프로그램에서 using, namespace, return 등도 C++에서 미리 정의한 키워드다. 그러니까 이들 키워드에는 특별한 의미가 미리 부여되어 있으며 우리는 그 의미를 알고 그대로만 사용해야 한다. 그렇지 않다면 C++ 컴파일러는 투덜거리며 컴파일 에러compile error를 발생시키고 실행 파일을 생성하지 않는다. 따라서 키워드는 C++ 언어에서 미리 정의한 의미 대로만 사용해야 하며, C++ 언어의 문법을 배운다는 것은 결국은 이들 키워드의 사용법을 배우는 것과 크게 다르지 않다.

int란 키워드는 정수 숫자 값이란 의미가 있다. main( ) 함수 앞에 int 키워드를 붙이면 main( ) 함수가 작업을 모두 실행한 후에 운영체제에 정수 숫자 값을 반환return한다는 것을 의미한다. 특별히 int란 키워드를 데이터 타입data type이라고 한다. 잠시 후에 설명하기로 한다. 함수가 작업을 마치고 자신을 호출한 측에 어떤 값을 반환하기 위해서는 return이란 키워드를 사용한다. Hello 프로그램에서는 다음 문장으로 0이란 정수 숫자 값을 main( ) 함수를 호출한 운영체제에 반환한다.

```
return 0;
```

문장statement은 프로그램의 최소 실행 단위로서 명령문이라고도 한다. C++

에서 모든 문장은 세미콜론(;)으로 끝난다. 여러 행으로 작성되어 있더라도 세미콜론으로 끝날 때 하나의 문장으로 간주한다.

명령문이 여러 문장으로 구성되어 있고 반드시 이들 문장이 묶여서 하나의 단위로 실행된다면 이들 문장을 중괄호({, })로 묶는다. main( ) 함수 다음에 열린 중괄호({)가 오고, 끝날 때 닫힌 중괄호(})가 온 것은 main( ) 함수에 포함된 여러 문장이 묶여서 하나의 단위로 실행된다는 것을 의미한다. 그러니까 main( ) 함수에는 모두 3개의 문장이 있으므로 이들 문장이 하나의 묶음으로 순차적으로 실행된다. 따라서 함수 안에 있는 문장은 모두 하나의 중괄호 안에 묶이게 된다.

하나의 문장은 여러 토큰으로 구성된다. 토큰token이란 프로그램을 구성하는 요소들의 최소 단위로서 일상 언어에서의 단어와 유사하며, 단어가 띄어쓰기로 구분되는 것과 마찬가지로 토큰은 공백문자로 구분된다. 공백문자 white space는 스페이스space나 탭tab 키로 표현되는 문자를 말한다. 키워드도 토큰의 일종이다. 그러니까 return 0; 문은 return이란 키워드와 0이란 2개의 토큰으로 구성된다.

0이란 토큰을 특별히 상수라고 한다. 상수constant란 말 그대로 항상 그대로인 값 즉, 변경되지 않는 값을 갖는 토큰이다. Hello 프로그램에서 "안녕하세요? 첫 번째 C++ 프로그램입니다!"도 상수이다. 이들 값은 절대 바뀌지 않는다. 항상 그대로 있다.

상수를 포함하여 모든 값은 데이터 타입을 가진다. 데이터 타입data type이란 말 그대로 데이터의 유형이다. 어떤 종류의 데이터를 표현하는가를 지정한다. 0이란 정수값을 갖는 데이터 타입의 값이고, "안녕하세요? 첫 번째 C++ 프로그램입니다!"이란 문자열이란 데이터 타입의 값이다. 정수값을 갖는 데이터 타입을 지정할 때 int란 키워드를 사용하여 int 타입이라고 한다. 이밖에도 double, char 등의 데이터 타입도 있다. 각각 실수, 문자 값을 갖는 데이터 타입이다. 그런데 C++에서는 문자열 값을 갖는 데이터 타입을 지정하는 C++ 키워드가 없다. 대신에 C++ 표준 라이브러리standard library가 제공하는 string이란 데이터 타입을 사용한다. 이때 문자열이란 string 타입의 값이 된다. C++ 표준 라이브러리는 C++ 프로그램을 작성할 때 자주 사용하는 필요한 표준적인 기능을 모아놓은 저장소다.

Hello 프로그램의 첫 번째 문장에서는 이 string 데이터 타입이 사용되고 있다. 다시 첫 번째 문장을 보자.

```
string msg = "안녕하세요? 첫 번째 C++ 프로그램입니다!";
```

이 문장은 string 타입의 msg라는 변수를 선언하고 있다. 여기에서 변수variable란 말 그대로 변하는 수이다. 우리가 프로그램을 작성하다 보면 어떤 값을 임시로 저장해야 할 필요가 있다. 이때 변수를 사용한다. 변수에 저장된 값은 컴퓨터 메모리에 저장되며, 변수명은 프로그램에서 메모리의 위치에 접근할 수 있게 해준다. 상수가 데이터 타입을 갖는 것처럼 변수도 데이터 타입을 가진다. 데이터 타입은 변수에 저장될 데이터의 크기와 데이터를 해석하는 방법을 결정한다. 예를 들어 int 데이터 타입은 부호화된signed 32비트bit 즉, 4바이트byte의 크기의 정수값을 저장하는 데 사용한다. 그냥 쉽게 말해서 −2,147,483,648에서 2,147,483,647까지의 숫자 값을 저장할 수 있다는 것을 의미한다.

모든 변수는 반드시 선언해야만 사용할 수 있다. 선언한다declare는 것은 이제 이러 이러한 타입의 변수를 사용하려고 한다는 것을 컴파일러에 알려주는 것이다. 다음 코드는 string 타입의 msg란 변수를 선언하는 예를 보여준다.

```
string msg;
```

이것은 컴파일러에 이제부터 msg라고 하는 이름을 갖는 변수를 사용하려고 하며 이 변수의 타입이 string이라는 것을 알려주는 것이다. 이제부터는 msg 변수에 값을 저장할 수 있게 된다. msg 변수는 string 타입의 변수이기 때문에 여기에 어떠한 문자열 값이든 저장할 수 있다.

msg = "당신을 사랑합니다";

위의 코드는 msg 변수에 "당신을 사랑합니다"라는 문자열을 저장하는 것을 보여준다. 하지만 언제든지 msg 변수에 다른 값을 저장할 수 있다. msg가 변수이어서 변할 수 있기 때문이다.

msg = "당신을 미워합니다";

위의 코드는 기존에 저장했던 "당신을 사랑합니다"라는 문자열 값은 버리고 "당신을 미워합니다"라는 문자열 값이 msg 변수에 저장되게 한다. 여기서 "당신을 사랑합니다", "당신을 미워합니다"라는 문자열 자체는 상수라서 변하지 않는 값을 그대로 갖고 있다. 그러나 msg는 변수이기 때문에 이 변수에 저장되는 값은 변하게 된다.

변수에 값을 저장할 때 = 이라는 연산자$_{operator}$를 사용한다. = 연산자는 오른쪽에 있는 값을 왼쪽의 변수에 저장 즉, 대입$_{assign}$하므로 대입 연산자 assignment operator라고 한다. 연산자에는 대입 연산자 외에도 더하기, 빼기, 곱하기, 나누기 등의 사칙 연산을 하는 산술 연산자$_{arithmetic\ operator}$와 같다, 다르다, 크다, 작다 등의 값을 비교하는 비교 연산자$_{comparison\ operator}$ 등이 있다.

이렇게 변수를 선언한 다음에 나중에 값을 저장할 수 있지만, 변수를 선언할 때 값을 저장할 수도 있다. 이것을 초기화$_{initialization}$라고 한다.

string msg = "안녕하세요? 첫 번째 C++ 프로그램입니다!";

위의 문장은 string 타입의 메시지를 선언할 때 "안녕하세요? 첫 번째 C++ 프로그램입니다!"이란 문자열로 초기화하는 것을 보여준다.

C++에서 만약 변수를 선언만 하고 초기화하지 않으면 그 변수에는 그 변

수가 위치한 메모리에 우연히 남아있던 값이 저장된다. 이 값은 해당 변수에 아무런 의미가 없는 값이므로 이 값을 쓰레기garbage 값이라고 한다.

변수의 이름 즉, 변수명을 식별자라고도 한다. 식별자identifier란 프로그램에서 유일하게 식별할 수 있는 이름을 말한다. 사람을 식별할 수 있도록 이름을 지어주는 것과 유사하다. msg는 변수이므로 식별자이다. C++ 언어는 식별자의 대소문자를 구별한다. 다시 말해 msg와 Msg는 서로 다른 식별자가 된다. 식별자에 한글을 사용할 수도 있지만, 관습상 영문을 사용한다. 식별자를 표현하는 방법이 아주 중요하다. 식별자만 보고도 무엇을 위해 그 식별자를 사용했는지를 이해할 수 있도록 쉽게 알 수 있도록 하는 것이 좋다. 예를 들어 msg라는 식별자 대신 a라는 식별자를 사용했다고 하면 이 변수가 무슨 정보를 저장하고 있는지를 이해하기 어렵게 된다. 그러나 message의 약어인 msg라는 식별자를 사용함으로써 이 변수에 표시하고자 하는 메시지를 저장하고자 한다는 의도를 쉽게 이해할 수 있게 된다.

앞에서 string 타입은 C++ 언어에서 제공하는 키워드가 아니며 C++ 표준 라이브러리에서 제공한 데이터 타입이라고 하였다. 따라서 string도 식별자다. 그리고 이 식별자를 사용할 수 있으려면 이 식별자를 선언하고 있는 C++ 표준 라이브러리에 포함된 string 파일을 프로그램에 포함시켜야 한다. 이것을 위해 다음과 같은 문장을 포함시켜야 한다.

```
#include <string>
```

위의 문장은 string 파일을 소스 코드에 포함시켜야 한다는 것을 컴파일러에 알려준다. 여기에서 #include를 선행처리기 지시어라고 한다. 선행처리기 지시어preprocessor directives는 말 그대로 먼저 처리하도록 지시하는 명령이란 뜻이다. 이 명령에 따라 컴파일러는 컴파일하기 전에 지정된 파일을 소스 코드에 포함시키게 된다.

어떤 정보를 표준 출력 장치에 표시하기 위해서는 cout이란 식별자를 사용한다. 여기에서 표준 출력 장치standard output device란 명령 프롬프트 창이나 콘솔 창을 가리킨다.

```
cout << msg << '\n';
```

위 문장은 표준 출력 장치에 msg 변수에 있는 문자열을 표시한 후에 한 행을 바꾸어준다. << 오른쪽에 있는 변수나 상수가 표준 출력 장치에 표시되며 '\n'이란 한 행을 바꾸라는 개행문자로서 명령 프롬프트를 다음 줄로 오게 하여 그곳에서부터 다시 정보가 표시되게 한다. 개행 문자와 같이 표현되는 문자를 이스케이프 시퀀스escape sequence라고 한다.

cout 식별자를 사용하기 위해서는 다음과 같이 이 식별자가 포함된 C++ 표준 라이브러리의 iostream 파일을 포함시켜야 한다.

```
#include <iostream>
```

사실 여러분이 콘솔 프로그램을 작성하려고 의도하지 않는다면 iostream에 포함된 cout, cin 등의 식별자를 실무에서 사용할 일은 많지 않다. 이 책에서도 프로그램의 결과를 보여주는 수단으로서만 cout을 사용하고 있다. 그러니까 그냥 이렇게 사용하는구나! 라고 이해하고 사용하면 된다.

한 가지 더 알아야 할 것은 string 파일에 포함된 string 식별자나 iostream 파일에 포함된 cout 식별자 등은 std라는 네임스페이스에 포함되어 있다. 네임스페이스namespace란 이름이 소속되어 있는 공간이란 뜻이다. 네임스페이스를 사용하는 이유는 프로그램이 복잡해질수록 식별자의 이름이 중복될 가능성이 많아지므로 식별자의 이름을 일정한 영역 안에 그룹화시켜서 중복 때문에 충돌이 발생하지 않도록 하기 위해서다. 그래서 C++ 표준 라이브러리에서는 string 식별자와 cout 식별자를 std라는 네임스페이스 안에 포함시켜 혹시라도 있을지 모를 중복성을 방지하고 있다. 따라서 std 네임스페이스 안에 포함된 string, cout 식별자를 사용하기 위해서는 다음과 같이

using 지시어_{directive}를 사용하여 std라는 네임스페이스를 사용하라고 컴파일러에 지시해야 한다.

```
using namespace std;
```

지금까지 우리가 살펴본 프로그램의 구성요소는 모두 프로그램의 실행이나 컴파일 과정에 영향을 미친다. 그러나 다음 코드는 프로그램의 실행이나 컴파일 과정에 전혀 영향을 미치지 않고 소스 코드를 보는 사람에게만 정보를 제공한다. 이것을 주석_{comment}이라고 한다.

```
// 이것은 첫 번째 C++ 프로그램입니다.
```

컴파일러가 위의 코드를 만나면 // 뒤에 있는 문장을 모두 주석으로 간주하고 컴파일 시에 포함시키지 않게 된다. 따라서 프로그램 실행 코드에 아무런 영향을 미치지 않는다. 주석은 다만 다른 사람에게 프로그램의 작성 의도를 설명한다. 주석이 프로그램 실행 코드에 영향을 미치지 않기 때문에 무시하는 경우가 많다. 그러나 주석을 잘 작성하는 것이 다른 사람들에게도 도움을 주지만 자기 자신에게도 도움이 되는 경우가 더 많다.

데이터 타입

이번 장에서 살펴볼 주제는 C++ 언어가 제공하는 데이터 타입이다.
사실 프로그래밍 언어를 공부하는 데 있어서 가장 따분한 주제가 데이터 타입이다.
그러나 영어를 공부하는데 따분한 영문법을 공부해야 하는 것처럼,
프로그래밍 언어도 일종의 언어이므로 문법을 공부해야만
컴퓨터와 원활한 의사소통을 할 수 있다.
이번 장에서는 상수와 변수가 무엇이며 어떻게 선언하고 사용하는가?
그리고 상수와 변수에 적용될 수 있는 데이터 타입에는
어떤 것들이 있는지 살펴보기로 한다.

1. 상수 constant

상수 constant란 항상 그대로인 수라는 뜻이다. 그러니까 상수는 변하지 않는 수가 된다. 상수는 숫자일 수도 있고, 문자나 문자열일 수도 있다.

```
0        // 숫자 상수
'c'      // 문자 상수
"문자열"  // 문자열 상수
true     // 불리안 상수
```

숫자 상수는 정수와 실수를 표현한다. 문자 상수는 홑따옴표 안에 하나의 문자를 넣어서 표현한다. 문자열 상수는 겹따옴표 안에서 여러 문자의 연속으로 표현된다. 문자열 상수의 끝에는 항상 널 null이란 문자가 온다. 널 문자에 대해서 잠시 후에 살펴보기로 한다. 불리안 boolean 상수는 참과 거짓을 표현하는 값이다.

숫자 상수

정수 integer는 10진수, 16진수, 8진수 등 3가지 방법으로 표현할 수 있다. 10진수 표현 방법은 100, 200 등과 같이 일반적인 숫자 표현 방법과 같다. 16진수는 항상 0X나 0x로 시작한다. 따라서 10진수 10을 16진수 형식으로 표현하면 0xA나 0XA이 된다. 8진수는 항상 0으로 시작한다. 따라서 10진수 10을 8진수 형식으로 표현하면 012가 된다. 일반적으로 10진수나 16진수는 많이 사용되지만, 8진수는 그다지 많이 사용되지는 않는다.

실수 real는 정수 부분과 소수점과 소수부로 구성되며, 표준 표기법과 과학 표기법 등 두 가지 방법으로 표현한다. 123.456은 표준 표기법이며, 이값을 과학 표기법으로 표현하면 1.23456E+2 또는 1.23456e+2가 된다.

문자 상수

문자character 상수는 하나의 유니코드 문자를 표현한다. 문자 상수는 항상 홑따옴표(' ')로 둘러싸인다. 예를 들어 'A'와 '9'는 문자 상수다. 한글 한자는 하나의 문자 상수가 된다. 따라서 '가'도 문자 상수가 된다. 그것은 유니코드가 16비트 즉, 2바이트를 사용하여 하나의 문자를 표현하기 때문이다.

문자 상수에는 이스케이프 시퀀스escape sequence라고 하는 특별한 종류가 있다. 이스케이프 시퀀스는 특별한 제어 문자나 인쇄할 수 없는 문자를 표현하는데 사용된다. 이스케이프 시퀀스는 역 슬래쉬(\) 다음에 문자 코드를 붙이는 형태로 표현된다. 많이 사용되는 중요한 이스케이스 시퀀스를 나열하면 다음과 같다.

```
'\n'    // 개행 문자
'\t'    // 탭 문자
'\0'    // 널 문자
'\''    // 홑따옴표 문자
'\"'    // 겹따옴표 문자
'\\'    // 역슬레쉬 문자
```

엔터enter 키나 탭tab 키를 직접 키보드에서 입력해서 개행 문자 '\n'은 엔터enter 키를 누른 것과 같은 결과를 나타내며, 마찬가지로 탭 문자 '\t'는 탭tab 키를 누른 것과 같은 결과를 나타낸다.

```
cout << '\t' << "메시지를 표시한다" << '\n';
```

위의 코드는 탭 키를 누른 위치에 "메시지를 표시한다"는 문자열을 표기하고 한 줄을 바꾸어준다.

'\0'은 널 문자를 표현한다. 널null 문자는 아스키ascii 코드로 0 값을 갖는 문자로서 아무것도 없다는 의미를 표현한다. 예를 들어 문자열은 뒤에 항상 널 문자로 끝나는데 이것은 더는 다른 문자가 없다는 것을 의미한다.

'\'', '\"', '\\' 문자는 각각 홑따옴표와 겹따옴표, 역슬레쉬 문자를 표현하는데 사용된다. 이것은 이들 문자가 이미 C++ 코드 안에서 다른 의미로 사용되고 있기 때문이다. 따라서 이들 문자를 본래의 의미로 사용하기 위해서 이스케이스 시퀀스로 표현한다. 특별히 윈도우에서 경로명을 표현할 때 다음과 같이 역슬레쉬 이스케이프 시퀀스를 사용해야 한다.

"C:\\C++ 에센스\\source\\chapter2\\ch2_main.cpp"

문자열 상수

문자열string 상수는 일련의 문자들이 연속된 문자의 집합이다. 문자열 상수는 문자 상수와 달리 겹따옴표 안에 문자들을 감싸서 표현한다.

"이것은 문자열입니다."

문자열 상수는 항상 마지막에 널 문자가 온다. 따라서 다음과 같이 메모리에 기억 공간이 할당된다.

| 이 | 것 | 은 | 문 | 자 | 열 | 입 | 니 | 다 | '₩0' |

[그림 2.1] 문자열 메모리 할당

문자와 문자열을 분명히 구분해야 한다. 특별히 하나의 문자로 문자 상수와 문자열 상수를 표현할 때 주의해야 한다. 예를 들어 'S'는 문자 상수이고 "S"는 문자열 상수다. 그런데 두 경우는 겉으로 보기엔 비슷해 보여도 내부적으로 큰 차이가 있다. 문자 상수는 그냥 메모리에 하나의 'S' 문자만 기억 공간에 할당되지만, 문자열 상수는 항상 마지막에 널 문자가 온다고 하였으므로 'S' 문자와 널 문자가 기억 공간에 할당된다.

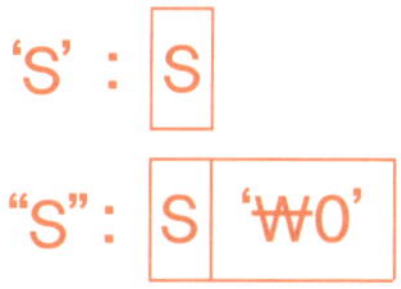

'S' : | S |

"S" : | S | '₩0' |

[그림 2.2] 문자와 문자열 차이점

불리안 상수

불리안boolean 상수는 참과 거짓을 표현하는데 사용된다. 참은 true라는 키워드로 표현하고, 거짓은 false란 키워드를 사용하여 표현한다. 사실 C++ 언어에서 참이란 '0이 아닌 값'을 말한다. 반면에 거짓이란 '0 값'을 의미한다. 따라서 참을 1로, 거짓을 0이란 정수값으로 표현할 수도 있다.

2. 데이터 타입data type

상수를 포함하여 모든 값은 데이터 타입을 가진다. 데이터 타입data type이란 말 그대로 데이터의 유형이다. 데이터를 해석하는 방법과 데이터의 크기를 결정한다. C++에서는 사용할 수 있는 여러 종류의 데이터 타입을 키워드로 미리 정의하여 두고 있다.

정수 데이터 타입

C++에서 제공하는 정수 데이터 타입은 다음과 같다.

```
int        // 정수, 4바이트
short      // 정수, 2바이트
long       // 정수, 4 또는 8바이트
long long  // 정수, 8바이트
```

대표적인 정수 데이터 타입은 int이다. 일반적으로 int 데이터 타입은 4바이트의 크기를 가진다. 그러나 좀 더 정확하게 말한다면 정수 데이터 타입의 크기는 어떤 운영체제에서 사용하느냐에 따라 달라진다. int 데이터 타입은 DOS와 같이 16비트 운영체제일 때에는 16비트 즉, 2바이트 크기를 가진다. 그러나 윈도우나 리눅스, 유닉스, 맥 OS를 포함하여 모든 32비트 또는 64비트 운영체제에서는 32비트 즉 4바이트의 크기를 가진다. 그것은 int 데이터 타입이 'CPU의 레지스터와 같은 크기를 갖는 타입'으로 정의되어 있기 때문이다. 어쨌든 이제는 거의 16비트 운영체제를 사용하지 않으므로 여러분은 그냥 int 데이터 타입이 4바이트의 크기를 가진다고 생각하면 된다.

short 데이터 타입은 2바이트 크기를 가진다. 이 크기는 모든 운영체제에서 고정되어 있다.

long 데이터 타입의 크기도 운영체제마다 다르며 4바이트 또는 8바이트의 크기를 가진다. 32와 64비트 윈도우 운영체제에서 모두 4바이트의 크기를 가진다. 그러나 32비트 리눅스(유닉스, 맥 OS 포함)에서는 4바이트의 크기를 갖지만, 64비트 리눅스에서는 8바이트 크기를 가진다.

만약 모든 운영체세에서 같은 8바이드 크기의 정수를 표현히고 싶다면 long long 데이터 타입을 사용해야 한다.

이렇게 운영체제마다 정수 데이터 타입의 크기가 다른 것은 C++가 좀 더 운영체제에 친밀한 특성이 있기 때문이다. 정수 데이터 타입의 크기는 표현할 수 있는 값의 범위를 결정하기 때문에 중요하다. 수학에서 정수는 음양으로 무한대의 값을 표현하지만, 컴퓨터는 그렇지 못하기 때문에 운영체제마다 정수값의 크기를 한정시켜 놓을 수밖에 없다.

2바이트 크기를 갖는 short 데이터 타입은 −32,768에서 +32,767까지 값을 표현할 수 있다. 4바이트 크기를 갖는 int 또는 long 데이터 타입은 −2,147,483,648에서 +2,147,483,647까지의 값을 표현할 수 있다. 8바이트의 크기를 갖는 long 또는 long long 데이터 타입은 −9,223,372,036,854,775,808에서 9,223,372,036,854,775,807까지의 큰

숫자 값을 표현할 수 있다.

만약 정수 데이터 타입에 음수를 표현할 필요가 없다면 정수 데이터 타입 앞에 unsigned라는 키워드를 붙인다. unsigned라는 키워드가 붙으면 해당 정수값은 부호sign가 없는 값이 된다. 부호 있는 정수 즉 signed 정수는 가장 왼쪽에 있는 비트bit 즉 MSBmost significant bit를 부호 비트로 사용하여 이 비트가 0이면 양수이고 1이면 음수가 된다. 따라서 MSB를 부호 비트로 사용하면 값을 표현할 수 있는 비트 하나가 줄어들게 되므로 표현할 수 있는 최대값은 절반으로 줄어들게 되지만, 그 대신에 음수를 표현할 수 있게 된다. 부호 있는 정수에 signed라는 키워드를 붙일 수 있지만 붙이지 않는 것이 일반적이다.

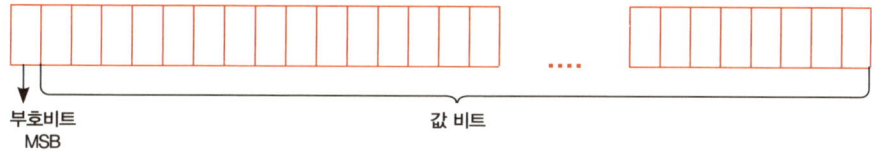

부호비트
MSB

값 비트

[그림 2.3] 부호 비트와 값 비트

반면에 MSB를 부호 비트로 사용하지 않으면 부호 없는 unsigned 정수 값은 최대값을 모두 표현할 수 있으므로 부호 있는 정수값 보다 2배의 값을 표현할 수 있지만, 음수를 표현할 수는 없다. 그러므로 unsigned short 데이터 타입은 0에서 65,535까지의 값을 표현할 수 있으며, 4바이트 크기를 갖는 unsigned int 또는 unsigned long 데이터 타입의 경우에는 0에서 4,294,967,295까지의 값을 표현할 수 있다. 또한, 8바이트의 크기를 갖는 unsigned long 또는 unsigned long long 데이터 타입은 0에서 8,446,744,073,709,551,615까지의 값을 표현할 수 있다.

기본적으로 정수 상수는 숫자의 크기에 따라 데이터 타입이 결정된다. 따라서 123 정수 상수라면 short 데이터 타입이 되며, 123456 정수 상수는 int 데이터 타입이 된다. 만약 정수 상수의 크기를 long 타입으로 강제로 지정하고 싶다면 상수 뒤에 L(대문자) 또는 l(소문자) 접미사를 붙이고, 부호 없는 타입으로 지정하고 싶다면 U(대문자), u(소문자) 접미사를 붙인다. 따라서 123L은 long 데이터 타입이 되고, 123U는 unsigned short 데이터 타입이 된다.

이처럼 정수값에 다양한 데이터 타입을 제공하는 이유는 상황에 따라 가장 적절한 데이터 타입을 선택하여 사용할 수 있도록 하기 위해서다. 예를 들어 날짜를 표현하는 년, 월, 일을 표현하는 데는 각각 2바이트 크기를 갖는 short 데이터 타입이면 충분하다. 따라서 4바이트의 크기를 갖는 int 데이터 타입을 굳이 사용하여 메모리를 낭비할 필요는 없다. 그러나 요즘 같이 메모리가 충분히 여유가 있을 때에는 그 정도 메모리를 여분으로 사용했다고 해서 큰 문제가 될 것이 없을 수도 있다. 따라서 어떤 데이터 타입을 사용할 것인가 하는 문제는 전적으로 프로그램을 개발하는 사람의 선택에 달려있다.

실수 데이터 타입

C++에서는 실수 값에 대하여 다음과 같이 3가지 데이터 타입을 제공한다.

```
float          // 실수, 4바이트
double         // 실수, 8바이트
long double    // 실수, 8 또는 16바이트
```

컴퓨터는 원래 정수만 처리할 수 있기 때문에 실수를 표현할 때 부동소수점 floating point 방식을 사용한다. 부동소수점 방식은 실수를 다음과 같이 지수부와 가수부로 나누어 표현하는 방식이다.

부호	지수부	가수부
float	1	8	23
double	1	11	52

[그림 2.4] 부동소수점 방식

가수부는 유효 숫자를 표현하며, 지수부는 10의 제곱승으로 소수점의 위치를 나타내는 값이다. 예를 들어 실수 123.456을 부동소수점 방식으로 표현하면 1.2345*10의 2승으로 표현할 수 있으며, 이것을 공학적 표기법으로 1.23456E2라고 표현할 수 있다. 여기에서 가수는 123456이고 지수는 2이다. MSB는 항상 부호 비트이며, 이 비트가 0이면 양수이고 1이면 음수가 된다.

지수부와 가수부의 크기가 데이터 타입에 따라 다르다. float 데이터 타입은 지수부의 크기는 8비트이고 가수부의 크기는 23비트이다. double 데이터 타입은 지수부의 크기는 11비트이고, 가수부의 크기는 52비트이다. 그래서 float보다는 double 데이터 타입이 2배의 크기를 갖는 대신에 훨씬 더 큰 수를 정확하게 표현할 수 있다. 따라서 float 데이터 타입을 단정도 부동소수점이라고 하고, double 데이터 타입을 배정도 부동소수점이라고 한다. 이해하기 어렵거나 귀찮다면 그냥 double 데이터 타입을 쓰면 된다. 64비트 리눅스 운영체제에서는 long double 데이터 타입을 사용하여 훨씬 크고 정확한 실수를 표현할 수 있다. 메모리는 좀 낭비되겠지만, 정확도는 그만큼 높아진다.

실수 상수에도 정수 상수와 마찬가지로 접미사를 붙여 데이터 타입을 강제로 지정할 수 있다. 접미사가 붙지 않는다면 double 데이터 타입으로 인식되며, float 데이터 타입으로 지정하고 싶다면 F(대문자) 또는 f(소문자) 접미사를 실수 상수 뒤에 붙이면 된다. 만약 L(대문자) 또는 l(소문자) 접미사를 붙이면 long double 데이터 타입이 된다. 따라서 123.456이면 double 데이터 타입이고, 123.456F이면 float 데이터 타입으로 인식된다. 123.456L이면 long double 데이터 타입이 된다.

참고로 한자로 부동(浮動)이란 떠다닌다는 의미를 가진다. 따라서 부동소수점 방식은 수의 크기에 따라 가수의 소수점이 표현하는 자릿수가 일정하지 않도록 떠다니게 하는 방식이며, 고정소수점fixed point 방식은 정수부와 소수부로 나누어 소수점을 고정시키는 방식이다. 고정소수점 방식은 실수를 표현하는데 한계를 가지므로 훨씬 더 큰 실수를 표현할 수 있고 정밀도도 높은 부동소수점 방식이 사용된다. 그러나 부동소수점 방식은 근삿값을 표현하며 고정소수점 방식보다 연산 속도가 느리다는 단점을 가진다.

문자 데이터 타입

C++에서 제공하는 문자 타입은 char 데이터 타입이다. char 데이터 타입은 영문자 하나를 표현하는데 사용된다. 그런데 컴퓨터는 원래 숫자밖에 모르기 때문에 문자 값도 숫자 값으로 저장한다. 이때 문자를 어떤 숫자로 대응시키는가에 따라 여러 가지 인코딩 방식이 있을 수 있으며 주로 아스키ASCII 코드 방식이 많이 사용된다. 아스키 코드는 0에서 255 사이의 숫자에 문자를 대응시켜 표현한다. 널 문자는 아스키 코드로 0이고, 숫자 0은 48, 대문자 A는 65, 소문자 a는 97 값을 가진다.

Dec	Hex	Name	Char	Ctrl-char	Dec	Hex	Ctrl-char	Dec	Hex	Ctrl-char	Dec	Hex	Ctrl-char
0	0	Null	NUL	CTRL-@	32	20	Space	64	40	@	96	60	`
1	1	Start of heading	SOH	CTRL-A	33	21	!	65	41	A	97	61	a
2	2	Start of text	STX	CTRL-B	34	22	"	66	42	B	98	62	b
3	3	End of text	ETX	CTRL-C	35	23	#	67	43	C	99	63	c
4	4	End of vmit	EOT	CTRL-D	36	24	$	68	44	D	100	64	d
5	5	Enquiry	ENQ	CTRL-E	37	25	%	69	45	E	101	65	e
6	6	Acknowledge	ACK	CTRL-F	38	26	&	70	46	F	102	66	f
7	7	Bell	BEL	CTRL-G	39	27	'	71	4/	G	103	67	g
8	8	Backspace	BS	CTRL-H	40	28	(	72	48	H	104	68	h
9	9	Horizontal tab	HT	CTRL-I	41	29	)	73	49	I	105	69	i
10	0A	Nine feed	LF	CTRL-J	42	2A	*	74	4A	J	106	6A	j
11	0B	Vertical tab	VT	CTRL-K	43	2B	+	75	4B	K	107	6B	k
12	0C	Form feed	FF	CTRL-L	44	2C	,	76	4C	L	108	6C	l
13	0D	Carriage return	CR	CTRL-M	45	2D	-	77	4D	M	109	6D	m
14	0E	Shift out	SO	CTRL-N	46	2E	.	78	4E	N	110	6E	n
15	0F	Shift in	SI	CTRL-O	47	2F	/	79	4F	O	111	6F	o
16	10	Data link escape	DEL	CTRL-P	48	30	0	80	50	P	112	70	p
17	11	Device control 1	DC1	CTRL-Q	49	31	1	81	51	Q	113	71	q
18	12	Device control 2	DC2	CTRL-R	50	32	2	82	52	R	114	72	r
19	13	Device control 3	DC3	CTRL-S	51	33	3	83	53	S	115	73	s
20	14	Device control 4	DC4	CTRL-T	52	34	4	84	54	T	116	74	t
21	15	neg acknowledge	NAK	CTRL-U	53	35	5	85	55	U	117	75	u
22	16	Synchronous idle	SYN	CTRL-V	54	36	6	86	56	V	118	76	v
23	17	End of xmit block	ETB	CTRL-W	55	37	7	87	57	W	119	77	w
24	18	Cancel	CAN	CTRL-X	56	38	8	88	58	X	120	78	x
25	19	End of medium	EM	CTRL-Y	57	39	9	89	59	Y	121	79	y
26	1A	Substitute	SUB	CTRL-Z	58	3A	:	90	5A	Z	122	7A	z
27	2B	Escape	ESC	CTRL-[	59	3B	;	91	5B	[	123	7B	{
28	1C	File separator	FS	CTRL-]	60	3C	⟨	92	5C	\	124	7C		
29	1D	Group separator	GS	CTRL-\	61	3D	=	93	5D	]	125	7D	}
30	1E	Record separator	RS	CTRL-^	62	3E	⟩	94	5E	^	126	7E	~
31	1F	Unit separator	US	CTRL-_	63	3F	?	95	5F	_	127	7F	DEL

[그림 2.5] 아스키 코드

이처럼 하나의 문자가 0에서 255까지의 숫자로 표현될 수 있으므로 char 데이터 타입의 크기는 1바이트이면 충분하다. 정수와 마찬가지로 부호 있는 char 데이터 타입은 −128에서 127까지의 값을 표현할 수 있고, 부호 없는 unsigned char 데이터 타입은 0에서 255까지의 값을 표현할 수 있다.

그러나 한글과 같이 2바이트로 구성되는 유니코드unicode 문자는 char 데이터 타입의 크기로는 표현할 수 없다. 따라서 한글 한 문자는 wchar_t라고 하는 데이터 타입으로 표현한다. wchar_t 데이터 타입은 윈도우 운영체제의 경우에는 2바이트, 64비트 리눅스 운영체제의 경우에는 4바이트의 크기를 가진다.

문자열 데이터 타입

C++ 언어에서 문자열을 표현하는 데이터 타입은 없다. 사실 C++에서 문자열은 '널 문자로 끝나는 문자의 배열array'로 정의된다. 배열에 대해서는 잠시 후에 살펴보기로 한다. 따라서 C++ 언어 자체에서는 문자열에 대한 데이터 타입을 제공하지 않는다. 다만 C++ 표준 라이브러리standard library에서 string이라는 데이터 타입(정확히 말하면 템플릿 클래스)을 제공하므로 우리는 string 데이터 타입을 문자열을 표현하는 데이터 타입으로 간주할 수 있다. string 데이터 타입을 사용하기 위해서는 다음과 같이 string 헤더 파일을 포함해야 하며, using namespace 문을 사용하여 std 네임스페이스를 사용하겠다고 선언해야 한다.

```
#include 〈string〉
using namespace std;
string                  // 문자열 데이터 타입
```

불리안 데이터 타입

C++에서 불리안 데이터 타입은 bool이란 키워드로 정의되며 참과 거짓 값을 표현한다. 참은 true, 거짓은 false 키워드로 표현된다.

참고로 예전에는 불리안 데이터 타입으로 주로 BOOL을 만들어 사용했다. 참을 표현하는 값도 TRUE, 거짓을 표현하는 값은 FALSE로 만들어 사용했다. 그러나 이들 타입과 상숫값은 C++ 언어에서 제공하는 것이 아니다. 예전에는 불리안 데이터 타입이 없었기 때문에 다음과 같이 만들어서 사용한 것이다.

```
typedef int BOOL;
#define TRUE 1
#define FALSE 0
```

typedef, #define 등에 대해서는 '13. 예외 처리와 선행처리기 지시어'에서 살펴보기로 한다. 간단히 말하면 BOOL이란 데이터 타입은 실제로는 int 데이터 타입이다. 그리고 TRUE 즉, 참은 1로 정의되어 있고, FALSE 즉 거짓은 0으로 정의되어 있다. 앞에서 C++ 언어에서 참이란 '0이 아닌 값'이며, 거짓이란 '0 값'을 의미하므로 참을 1로, 거짓을 0이란 정수값으로 표현할 수도 있다는 설명을 기억한다면 이해될 수 있을 것이다. 지금까지 BOOL 데이터 타입을 만들어서 사용했다면 이제부터는 C++에서 기본적으로 제공하는 bool 데이터 타입을 사용하는 것이 더 바람직하다.

3. 변수 variable

상수가 변하지 않는 값이라면 변수 variable란 말 그대로 변하는 값을 의미한다. 변수는 왜 필요할까? 프로그램이 실행되면 해당 프로그램이 사용하는 모든 데이터는 메모리에 저장된다. 물리적으로 보면 메모리에는 0 또는 1의 연속으로 데이터가 저장된다. 따라서 어떤 데이터가 메모리에 저장되어 있다고 할 때, 프로그램에서는 그 데이터가 저장된 위치를 쉽게 찾을 방법이 필요하다. 만약 프로그램에서 직접 메모리 상에서의 물리적인 위치 즉, 주소값을 사용한다면 상당히 불편할 것이다. 여러분이 기계어로 프로그램을 작성하지 않는 한, 더는 주소값을 직접 사용하는 일은 없을 것이다. 따라서 모든 프로그래밍 언어에서는 메모리 상에서 데이터가 저장된 위치에 접근할 수 있게 하는 방법이 필요하다. 이것이 변수다. 또한, 변수에 데이터 타입을 함께 지정함으로써, 그 위치에 있는 데이터의 크기와 해석하는 방법을 컴파일러가 알 수 있게 해야 할 필요가 있다.

이처럼 변수란 데이터를 저장할 수 있는 메모리 상의 위치를 나타내는 식별자이기 때문에 변수에 지정된 데이터 타입에 허용되는 범위의 어떤 값이든 저장할 수 있다. 그러므로 우리는 변수를 변하는 값이란 의미로 이해할 수 있다. 이와 반대로, 상수는 변하지 않는 값이란 의미로 이해하면 된다. 변수의 영어 표현인 variable도 '변할 수 있는'이란 의미가 있으며, 상수의 영어 표현인 constant는 '항상 그대로인'이란 뜻을 가진다.

변수 선언

그렇다면 컴파일러는 어떻게 변수에 대하여 지정된 데이터 타입에 허용된 크기 만큼의 메모리를 할당하고, 그 메모리 위치에 접근하여 값을 읽거나 쓸 수 있게 할 수 있을까? 컴파일러가 이러한 일을 하려면 우리가 그 방법을 알려주어야 한다. 그 방법이란 변수를 선언_{declare}하는 것이다.

변수는 다음과 같은 방법으로 선언한다.

데이터타입 변수명 [= 초기값];

변수 선언은 데이터 타입을 먼저 지정하고, 다음에 변수명을 지정하면 된다. C++ 언어에서 모든 문장은 세미콜론(;) 구분자로 끝나므로 반드시 맨 뒤에 세미콜론을 붙여주어야 한다. 다음은 변수 선언의 예이다.

```
int age;       // 변수 선언
```

이것은 C++ 컴파일러에 int 데이터 타입, 그러니까 32비트 크기의 정수값을 저장할 수 있도록 메모리를 할당하고, 그 위치를 나타내는 이름을 age로 하라고 지시하는 것을 의미한다. 이제 age란 이름의 변수에 정수값을 저장하면 컴파일러가 할당한 메모리 위치에 그 값이 저장되게 된다.

C++ 언어에서 모든 변수는 반드시 선언되어야 사용할 수 있으며, 변수를 선언하는 위치는 프로그램 어디이든 상관없다. 해당 변수를 사용하기 전에만 선언하면 된다.

```
int age;       // 변수 선언
age = 42;      // 변수 사용
```

위의 코드에서 첫 문장은 age라고 하는 int 데이터 타입의 변수를 선언한 것이고, 두 번째 문장은 선언된 age 변수에 42란 값을 저장함으로써 변수를 사용한 것이다.

변수에 어떤 값을 저장할 때는 대입 연산자(=)를 사용한다. 대입 연산자는 오른쪽에 있는 값(rvalue라고도 함)을 왼쪽의 변수(lvalue라고도 함)에 저장한다. 위의 코드에서 대입연산자를 사용하여 age 변수에 42를 저장한 예를 볼 수 있다.

변수 초기화

변수를 참조하여 값을 저장하기 전까지 변수에는 어떤 값이 저장되어 있을까? 정답은 해당 변수의 메모리 위치에 우연히 남아 있는 값이다. 우리는 이러한 값을 쓰레기garbage 값이라고 하며, 아무런 의미가 없는 값이다. 따라서 변수를 선언할 때 초기값으로 저장해주는 것이 좋다. 이것을 변수의 초기화 initialization라고 한다. 다음과 같이 변수 선언 시에 변수명 다음에 대입 연산자 (=)를 붙이고 여러분이 원하는 초기값을 지정하면 된다.

```
int age = 42;     // 초기화
```

또는 다음과 같이 괄호 안에 초기값을 넣을 수도 있다.

```
int age(42);     // 생성자 구문 초기화
```

이때 C++ 컴파일러는 int 데이터 타입의 32비트 크기의 정수값을 저장할 수 있도록 메모리를 할당하고, 그 메모리 위치에 41이란 정수값을 저장함으로써 초기화 작업을 수행한다. 따라서 age 변수의 선언문 다음 문장에서 age 변수에는 42 값이 저장되어 있게 된다.

변수를 항상 초기화하는 습관을 들이는 것이 좋다. 사실 초기화하지 않은 변수를 사용하려고 할 때 컴파일러마다 조금씩 다른 행위를 한다. 예를 들어 윈도우 운영체제에서 Visual C++ 컴파일러는 초기화하지 않은 변수를 사용할 때 컴파일 시에 경고를 발생시킬 뿐이다. 우분투 운영체제에서 g++ 컴파일러는 기본값 즉, 디폴트default 값으로 변수를 초기화시킨다. 숫자 데이터 타입은 디폴트 값이 0이다. 그러니까 int 데이터 타입은 쓰레기 값이 아닌 0으로 초기화된다. 그러나 특정 컴파일러에 의존적인 코드 작성 습관은 그다지 바람직하지 않다. 예를 들어 우분투 운영체제에서는 잘 실행되던 프로그램이 윈도우 운영체제에서는 제대로 실행되지 않을 수도 있기 때문이다.

변수명 부여 규칙

변수 이름을 부여할 때 몇 가지 문법적인 제약 사항이 있다. 먼저 변수 이름은 반드시 영문자나 밑줄문자(_), 달러 기호($)로 시작해야 한다. 숫자를 포함시킬 수는 있지만, 숫자로 시작할 수는 없다. 변수 이름에는 공백 문자를 포함시킬 수 없다. 공백 문자란 스페이스space, 탭tab, CRcarriage return, LFline feed, 등을 말한다. 키워드를 변수 이름에 사용할 수 없다. 또한, 변수 이름은 대소문자를 구별한다. 이것은 abc, aBc, abC, ABC 등이 모두 다른 변수라는

것을 의미한다. 참고로 한글을 사용할 수 없다. 식별자를 표현하는데 이와 같은 규칙을 잘 지켰다면 유효한 식별자가 될 수 있다.

하지만 규칙을 잘 지켰다고 해서 좋은 식별자는 아니다. 우리가 작성한 프로그램을 다른 프로그래머가 볼 수도 있다. 그렇다면 우리는 다른 프로그래머가 보기 쉽도록 프로그램을 작성해야 할 필요도 있는 것이다. 여러분이 다른 프로그래머가 작성한 소스 코드를 볼 기회가 있었다면 관습처럼 사용하고 있는 어떤 공통적인 특징이 있다는 것을 쉽게 발견할 수 있을 것이다. 그중에 몇 가지만 살펴보기로 하겠다.

먼저, 식별자에는 의미 있는 이름을 부여한다. 그저 abc, xyz와 같이 아무런 의미가 없는 식별자보다는, age, birthday와 같이 식별자만 보아도 무엇을 위한 것인지 추측할 수 있는 식별자를 사용하는 것이 바람직하다. 만약 의미있는 이름을 부여하기 위해 여러 단어를 결합시켜야 한다면 각 단어는 대문자로 시작한다. 예를 들어 phonenumber와 같이 그냥 단어를 결합시키는 것보다는, phoneNumber와 같이 대문자로 시작하는 단어를 사용하면 식별하기가 쉽다. 밑줄 문자(_)를 사용하여 단어를 연결시킬 수도 있다. 그러나 이름을 부여하는데 문법적인 규칙 외에 어떤 특별한 다른 규칙이 있는 것은 아니다. 가장 좋은 것은 어떤 식이든 일관성을 가지고 이름을 부여하는 것이다.

4. 타입 변환 casting

앞에서 살펴본 바와 같이 변수에는 지정된 데이터 타입이 허용하는 범위의 값이 저장된다. 그런데 만약 변수에 지정된 데이터 타입이 허용하는 범위 밖의 값을 해당 변수에 저장하려고 하면 어떤 일이 벌어질까? 예를 들어, 다음

과 같이 int 데이터 타입의 age 변수에 long 데이터 타입의 상수를 저장하려고 할 때,

```
int age;
age = 2147483648L;
```

C++ 컴파일러는 age 변수에 저장할 수 있는 값만 저장하고 나머지는 잘라낸다. 따라서 age 변수에는 −2147483648 값이 저장된다.

이것은 int 데이터 타입의 변수에 long 데이터 타입의 값을 저장하려고 하므로 발생하는 현상이다. 즉, long 데이터 타입이 int 데이터 타입으로 타입변환이 일어나는 것이다. 타입 변환casting이란 한 데이터 타입의 값이 다른 데이터 타입의 값으로 변환되는 것을 말한다.

데이터의 범위가 작은 데이터 타입의 값을 보다 큰 데이터 범위를 저장할수 있는 데이터 타입으로 변환할 때는 신경 쓸 필요가 그다지 많지 않다. 기껏 해봤자 그만큼의 메모리 낭비가 있을 뿐이다. 예를 들어, short 데이터타입을 int 데이터 타입으로 변환한다고 하자. 16비트 그러니까 2바이트에저장하면 될 값을 32비트 즉, 4바이트의 크기를 갖는 변수에 저장하게 되니2바이트의 메모리가 낭비되는 것이다. 그러나 손해는 그것뿐으로 원래의 값에 대한 손실은 전혀 없는 셈이다. 이것을 특별히 프로모션promotion이라고 한다. 다시 말해 작은 데이터 타입을 더 큰 데이터 타입으로 변환할 때는 프로모션이 발생하여 데이터의 손실 없이 안전하게 타입 변환을 할 수 있다.

```
char code = 65;
int codeValue = code;
```

위의 코드 경우에 C++ 컴파일러는 자동으로 char 데이터 타입의 code 변수를 int 데이터 타입으로 변환하여 codeValue 변수에 65 값을 저장하게 된다. 이것을 암시적 타입 변환implicit casting이라고 한다. 여기에서 암시적implicit이란 프로그래머가 명확하게 지정하지 않더라도 이미 정해진 규칙에 따라 특

정한 일이 발생하는 것을 의미한다.

　그러나 데이터의 범위가 큰 데이터 타입의 값을 보다 작은 데이터 타입으로 변환할 때는 사정이 다르다. 예를 들어 int 데이터 타입의 변수를 short 데이터 타입으로 변환한다고 하자. 이때 C++ 컴파일러는 int 데이터 타입 변수에서 상위 16비트를 잘라내어 버린다. 이것을 잘라내기truncation라고 한다.

```
int orgValue = 32768;
short convValue = orgValue;
```

　위의 코드에서 int 데이터 타입이 short 데이터 타입으로 암시적으로 타입 변환이 일어나고, 그 결과로 convValue 변수에는 −32768 값이 저장된다. 이 것은 잘라내고 남은 값 중에서 16번째 비트의 값이 +/− 부호로 사용되기 때문이다.

　그렇다면 float 나 double 데이터 타입의 변수를 int 데이터 타입으로 변환할 때는 어떨까? 예를 들어 다음 코드의 경우를 살펴보기로 하자.

```
float orgValue = 12.5F;
int convValue = orgValue;
```

　이 경우에는 float 데이터 타입의 소수점 이하의 값이 모두 잘려나가고 정수값만 int 데이터 타입의 변수에 저장된다. 따라서 convValue 변수에는 12 값이 저장된다.

　이렇게 큰 데이터 타입에서 작은 데이터 타입으로 타입 변환이 이루어져 잘라내기가 발생한다면 데이터에 손실을 준다. 이때 암시적으로 타입 변환이 이루어져 잘라내기가 발생한다면 그것이 프로그래머가 의도한 것인지 아닌지를 알 수 없게 된다. 따라서 이런 때에는 타입 변환을 의도하고 있다는 것을 명시하는 것이 바람직하다. 이것을 명시적 타입 변환explicit casting이라고 한다. 명시적 타입 변환은 다음과 같이 변환하고자 하는 데이터 타입을 괄호 안에 지정한다.

```
float orgValue = 12.5F;
int convValue = (int)orgValue;
```

위의 코드는 orgValue에 저장된 실수에서 소수점 이하의 값이 모두 잘려도 좋으니 정수값만 int 데이터 타입으로 변환하라고 명시하는 것이 된다. 따라서 우리는 프로그래머가 타입 변환을 의도하고 있다는 것을 명확하게 알 수 있게 된다.

5. 상수 변수 constant variable

직접 상수를 표현하는 경우에는 그 상수의 의미를 명확하게 표현하기 어렵다. 예를 들어 잘 알고 있듯이 3.14159는 파이(π) 값이다. 그러나 3.14159란 상수를 직접 사용하는 것보다는, 가령 PI란 이름을 이 값에 부여한다면 손쉽게 이해할 수 있을 것이다. 이때 우리는 const란 키워드를 사용하여 상수를 표현할 수 있다.

```
const double PI = 3.14159;
```

const란 키워드는 변수를 상수화하겠다는 것을 의미하며, 반드시 초기화시켜야 한다. 이때 상수화된 변수는 상수로 간주되기 때문에 그 변수 안에 있는 값을 읽을 수만 있을 뿐 그 값을 변경시킬 수는 없다. 결국, 상수화된 변수는 읽기 전용read-only이 되는 것이다.

const 키워드를 사용하여 상수를 정의할 때 일반적으로 상수 이름은 대문자로 표현하는 것이 관례다. 이와 같은 상수 정의 방법은 상수의 의미를 명확하게 표현한다는 것 외에도, 프로그램을 쉽게 수정할 수 있다는 이점을 가진다.

6. 열거형 enumeration

예를 들어 요일을 저장하는 변수를 정의한다고 하자. 간단히 int 데이터 타입으로 week란 변수를 정의할 수 있다.

```
int week;
```

그리고 이 week 변수에 일, 월, 화, 수, 목, 금, 토를 나타내는 0에서부터 6까지의 값을 저장하게 할 수 있다.

그런데 이런 방식은 몇 가지 문제점을 보여준다. 먼저 week 변수에 0에서 6까지 범위의 값이 아닌 값을 저장하려고 한다면 이것을 막을 방법이 없다. 또한, 각 요일이 어떤 값에 대응되는지 이해하기 어렵다.

이처럼 어떤 변수가 가질 수 있는 값의 범위가 정해져 있다면 열거형을 쓰는 것이 더 바람직하다. 열거형enumeration이란 변수가 가질 수 있는 가능한 값을 나열해 놓은 데이터 타입이다. 열거형 변수를 선언할 때 enum 키워드를 사용하며, 열거형 변수에 포함될 수 있는 가능한 값들 즉, 열거 멤버를 중괄호({ }) 안에 나열한다.

```
enum {sunday, monday, tuesday, wednesday, thursday, friday, saturday} week;
```

위의 코드는 week 열거형 변수의 선언 예를 보여준다.

열거형은 내부적으로 정수로 처리되며 각 열거 멤버는 0에서부터 1씩 증가하는 정수값을 가진다. 따라서 sunday는 0이고, monday가 1, tuesday가 2이며 saturday가 6이 된다.

만약 열거 멤버의 값을 특정한 값으로 명시적으로 지정하고 싶다면 = 다음에 원하는 값을 지정하면 된다.

```
enum {sunday = 1, monday, tuesday, wednesday = 5, thursday, friday, saturday} week;
```

위의 코드에서 sunday는 1, monday는 2, tuesday는 3, wednesday는 5, tursday는 6, friday는 7, saturday는 8이 된다.

이제 week 변수에 다음과 같이 열거 멤버 값을 저장할 수 있다.

```
week = sunday;
```

만약 다음과 같이 열거형 변수에 허용되지 않는 값을 저장하려고 한다면 컴파일 시에 에러가 발생한다.

```
week = 10;
```

열거형은 일종의 데이터 타입이다. 따라서 열거형 데이터 타입을 먼저 정의하고 이 데이터 타입으로부터 변수를 선언하는 방법이 더 많이 사용된다. 이때 열거형 데이터 타입에 붙이는 이름을 태그tag라고 하며 데이터 타입으로서의 자격을 갖게 된다. 다음은 week 열거형 데이터 타입을 정의한 예이다.

```
enum week {sunday, monday, tuesday, wednesday, thursday, friday, saturday};
```

이제부터 week 데이터 타입의 변수를 선언하고 사용할 수 있다.

```
week w1;
w1 = sunday;
```

만약 열거형 데이터 타입을 정의하지 않고 열거형 변수를 곧바로 사용한다면 매번 열거 멤버를 나열해야 하므로 불편할 것이다. 또한, 나중에 살펴보게 될 함수의 매개변수나 반환값으로 열거형을 사용할 수도 없게 된다. 그러나 열거형 데이터 타입을 정의하면 이러한 문제도 해결하고 여러 번 재사용할 수도 있으므로 열거형 데이터 타입을 정의하는 방식을 사용하는 것이 바람직하다.

7. 배열array

배열array이란 같은 데이터 타입의 여러 요소element를 포함하는 데이터 구조라고 정의할 수 있다. 예를 들어 1월부터 12월까지 서울의 평균 기온을 저장해야 할 필요가 있다고 하자. 여러분은 어떻게 할 것인가? 참고로, 지난 30년간 서울의 평균 기온은 다음과 같다.

1월	2월	3월	4월	5월	6월	7월	8월	9월	10월	11월	12월
−4	−1	4	11	17	21	24	25	20	13	6	−1

(단위 : 섭씨, 자료 제공 : 기상청)

혹시, 이렇게 생각하고 있지는 않은가?

```
int january = -4;
int faburary = -1;
int march = 4;
int april = 11;
int may = 17;
int june = 21;
int jury = 24;
```

```
int august = 25;
int september = 20;
int october = 13;
int november = 6;
int december = -1;
```

물론 이처럼 1월부터 12월까지의 각각의 변수를 선언하여 사용할 수도 있다. 그러나 이 방법은 어쩐지 조금은 번거롭다. 다른 방법을 찾아보자. 이렇게 생각하면 어떨까? 이 변수들은 모두 int라고 하는 같은 데이터 타입을 가지고 있다. 그렇다면 앞에서 보여준 평균 기온을 나타내는 표 형식으로 표현할 수 있다면 좋을 것 같다. 다음과 같이 기온을 저장한 부분만 떼어내 보자.

-4	-1	4	11	17	21	24	25	20	13	6	-1

위의 표에서 첫 번째 셀에는 1월의 평균 기온이 저장되어 있고, 두 번째 란에는 2월, 세 번째 셀에는 3월 … 등등, 12개의 각 셀에는 1월부터 12월까지의 평균 기온이 저장되어 있다. 이제 우리는 이 표에 '평균 기온'이란 이름을 붙일 수 있을 것이다.

이러한 방법을 프로그램에 적용시킬 수 있다. 바로 배열array을 사용하는 것이다. 표에 '평균 기온'이란 이름을 붙인 것처럼, 우리는 aveTemp라고 하는 배열을 정의할 수 있다.

배열 선언

aveTemp라는 배열은 다음과 같이 선언할 수 있다.

```
int aveTemp[12];
```

위의 배열 선언에서 [ ]는 배열 기호이다. 이 배열 기호는 반드시 배열명 뒤에 와야 한다. 그리고 배열 기호 사이에는 배열 요소의 개수를 지정한다. 배열의 데이터 타입은 이 배열 요소에 저장할 데이터 타입이 된다. 따라서 위의 코드는 각 요소의 데이터 타입이 int인 12개의 요소를 갖는 배열을 생성한다.

배열 요소 접근

각 배열 요소에 접근하기 위해서는 대괄호([ ]) 안에 접근하고자 하는 요소의 인덱스 표현식을 지정한다. 모든 배열은 0에서부터 시작하므로, 배열 요소의 갯수가 n이라면 0번째부터 n-1번째까지의 배열 요소에 접근할 수 있게 된다. 다음은 aveTemp 배열의 각 월에 해당하는 배열 요소에 그달의 평균 기온을 저장하는 예를 보여준다.

```
int aveTemp[12];
aveTemp[0] = -4;          // 1월 평균 기온
aveTemp[1] = -1;          // 2월 평균 기온
aveTemp[2] = 4;           // 3월 평균 기온
aveTemp[3] = 11;          // 4월 평균 기온
aveTemp[4] = 17;          // 5월 평균 기온
aveTemp[5] = 21;          // 6월 평균 기온
aveTemp[6] = 24;          // 7월 평균 기온
aveTemp[7] = 25;          // 8월 평균 기온
aveTemp[8] = 20;          // 9월 평균 기온
aveTemp[9] = 13;          // 10월 평균 기온
aveTemp[10] = 6;          // 11월 평균 기온
aveTemp[11] = -1;         // 12월 평균 기온
```

배열 초기화

변수를 초기화하는 것과 마찬가지로, 배열을 선언할 때 각 배열 요소의 값을 초기화할 수도 있다. 다음과 같이 중괄호({ }) 안에 각 배열 요소의 초기값을 열거하면 된다. 각 배열 요소의 초기값은 콤마(,)로 구분된다.

```
int aveTemp[12] = { -4, -1, 4, 11, 17, 21, 24, 25, 20, 13, 6, -1 };
```

또는 이 경우에 배열의 크기를 이미 알 수 있으므로 다음과 같이 배열의 크기를 생략할 수 있다.

```
int aveTemp[ ] = { -4, -1, 4, 11, 17, 21, 24, 25, 20, 13, 6, -1 };
```

만약 배열의 범위를 벗어나는 요소에 접근하면 어떻게 될까? 예를 들어, 위의 예제 코드에서 aveTemp[100]이라고 작성하여 aveTemp의 100번째 요소에 접근하려고 하면 어떻게 될까? 불행하게도 C++ 컴파일러는 컴파일 시에 어떠한 에러도 발생시키지 않으며, 실행 시에도 에러가 발생하지 않는다. 그러니까 배열 범위의 밖을 벗어나서 접근하지 않도록 주의해야만 한다. 다시 한번 강조하면 배열은 0에서부터 시작하므로, 배열 요소의 갯수가 n이라면 0번째부터 n-1번째까지의 배열 요소에 접근할 수 있다.

이러한 1차원 배열뿐만 아니라 여러 차원의 배열을 정의할 수도 있다. 실무에서는 다차원 배열을 그다지 많이 사용하지 않으므로 여기에서는 생략하기로 한다.

배열과 문자열

앞에서 C++에서 문자열은 '널 문자로 끝나는 문자의 배열array'로 정의된다고 하였다. 따라서 문자열을 string 데이터 타입 변수가 아닌 char 데이터 타입의 배열로 표현할 수도 있다.

```
char name[ ] = { 'J', 'u', 'n', ' ', 'B', 'y', 'u', 'n', 'g', ' ', 'S', 'u', 'n', '\0' };
```

이때 반드시 char 배열은 널 문자('\n')로 끝나도록 초기화해야 한다. C++는 널 문자를 만나야 문자열이 끝났다고 간주하기 때문이다.

또는 다음과 같이 문자열 상수를 사용하여 초기화할 수 있으며, 이 방법이 더 많이 사용된다.

```
char name[ ] = "Jun Byung Sun";
```

한글의 경우에는 문자열 상수 방식을 사용하여 초기화해야 한다.

```
char name[ ] = "전병선";
```

이렇게 char 데이터 타입의 배열로 문자열을 표현할 때도 배열 변수에 다른 문자열을 대입하여 사용할 수 있게 된다.

```
name = "홍길동";
```

연산자

우리가 프로그램을 작성한다는 것은 결국 컴퓨터에 어떤 일을 시키기 위해서다.

컴퓨터가 어떤 작업을 수행하는 것을 연산operation이라고 하며,

여기에는 산수적인 계산뿐만 아니라 업무를 처리하는 데 필요한 모든 작업이 포함된다.

이처럼 컴퓨터가 연산을 수행하기 위해서 필수적으로 필요한 프로그램 요소가 연산자와 제어문이다.

이번 장에서는 C++ 언어가 제공하는 연산자에 대해서 살펴본다.

1. 연산자 operator

연산자 operator란 피연산자 operand에 어떤 특정한 기능을 수행하도록 정의된 기호라고 정의될 수 있다. 우리가 산수 계산을 할 때 더하기(+), 빼기(−), 곱하기(∗), 나누기(/)와 같은 기호를 사용한다. 이것이 바로 연산자다. 연산자란 연산을 당하는 측 즉, 피연산자가 어떤 작업을 하도록 미리 정의된 기호이다.

C++ 언어에서는 여러 가지 연산자를 제공한다. 그러나 여기에서는 필수적이고 많이 사용하는 연산자에 대해서만 살펴보기로 한다.

연산자는 기능에 따라 다음과 같이 분류할 수 있다.

▶ 산술 연산자 arithmatic operator

▶ 비교 연산자 comparison operator

▶ 논리 연산자 logical operator

▶ 대입 연산자 assignment operator

잠시 후에 자세히 설명하겠지만, 산술 연산자란 바로 앞에서 살펴본 바와 같이 산수 계산에 사용되는 연산자를 말하며, 비교 연산자는 '크다, 작다'와 같이 두 개의 값을 비교하는데 사용되는 연산자이다. 논리 연산자는 비교한 결과를 묶어서 조건을 결정하는데 사용되며, 대입 연산자는 이미 많이 사용하여 잘 알고 있는 것처럼 값을 저장하는데 사용되는 연산자이다. 이 외에도 비트 연산자 bitwize operator라고 하는 것도 있는데 비트 bit 단위로 연산을 수행하는 연산자를 말한다. 비트 연산자에 대해서는 필요할 때 설명하기로 하겠다.

연산자를 개수에 따라 다음과 같이 분류할 수도 있다.

▶ 단항 연산자 unary operator

▶ 이항 연산자 binary operator

▶ 삼항 연산자ternary oprator

단항 연산자란 피연산자가 하나만 연산에 참여하는 연산자를 말한다. 이항 연산자란 2개의 피연산자가 연산에 참여하는 연산자로, 대부분의 연산자가 이항 연산자에 속한다. 삼항 연산자는 3개의 피연산자가 연산에 참여하는 연산자로 '?:' 연산자가 유일하게 여기에 해당된다.

2. 산술 연산자arithmetic operator

산술 연산자는 더하기, 빼기, 곱하기, 나누기 등 산술 연산을 위한 연산자다.

```
// 산술연산자
+              더하기
−              빼기
*              곱하기
/              나누기
%              나머지
```

+, −, *, / 연산자는 일반적인 더하기, 빼기, 곱하기, 나누기의 연산 기능을 수행하므로 특별히 설명이 필요 없을 것 같다. 다만 % 연산자는 두 피연산자를 나눈 후 그 나머지 값을 반환하는 기능을 제공한다.

```
int i1 = 20;
int i2 = 6;
int i3 = i1 % i2;          // 결과 : i3 = 2
```

위의 코드에서 i3 변수에는 i1을 i2로 나눈 후의 나머지 값인 2를 반환한다. 산술 연산자는 숫자 타입의 피연산자에 대하여만 연산을 수행할 수 있다.

특별히 +, −, *, /, % 연산자는 연산의 결과를 int 또는 double 데이터 타입으로 반환한다.

```
short s1 = 10;
short s2 = 100;
short s3 = s1 + s2;
```

위 코드에서 세 번째 문장에서 데이터 변환이 발생한다. s1과 s2 변수의 더하기(+) 연산의 결과는 int 데이터 타입이고, s3 변수에 그 결과 값을 저장할 때 short 데이터 타입으로 데이터 변환이 이루어진다.

3. 증감 연산자

산술 연산자에는 증감 연산자increment and decrement operator라고 하는 특별한 단항 연산자를 포함한다.

```
// 증감 연산자
++          1씩 자동 증가
──          1씩 자동 감소
```

증감 연산자는 피연산자의 값을 1씩 자동 증가 또는 감소시키는 연산을 수행하며, 다른 산술 연산자와 마찬가지로 숫자 타입에만 사용할 수 있다. 그러나 다른 연산자들과는 달리 증감 연산자 단독적으로 문장을 구성할 수 있다.

++ 연산자는 변수의 현재 값에 1을 더해준다.

```
int i = 100;
++i;
```

위의 코드에서 ++i는 i의 값을 하나 자동 증가시킨다. 따라서 두 번째 문장 이후에 i 변수에는 101 값이 저장된다. 결국, 위의 코드는

```
i = i + 1;
```

와 같다.

-- 연산자는 변수의 현재 값에서 1을 뺀다.

```
int i = 100;
--i;
```

위의 코드에서 --i는 i의 값을 하나 자동 감소시킨다. 따라서 그 결과, i 변수에는 99가 저장된다.

결국, 위의 코드는

```
i = i - 1;
```

와 같다.

증감 연산자는 피연산자의 앞에 오는가 뒤에 오는가에 따라 약간 다른 기능을 수행한다.

```
int i1 = 10;
int i2 = 10;
int r1 = 2 * ++i1;
int r2 = 2 * i2++;
```

위 코드의 실행 결과 i1, i2, r1, r2의 값은 각각 무엇일까? 정답은 다음과 같다.

```
i1 = 11
i2 = 11
r1 = 22
```

```
r2 = 20
```

왜 이런 결과가 나올까? i1과 i2 변수의 값이 11인 것은 당연하다. ++ 연산자가 각 변수의 값을 1씩 증가시켰기 때문이다. 그런데 r1과 r2의 값이 다른 것은 조금 이상하다. 그래도 ++ 연산자가 앞에 오는가 뒤에 오는가에 따른 결과라는 것은 짐작할 수 있을 것이다.

먼저, ++ 연산자가 앞에 붙어있는 경우부터 살펴보기로 하자.

```
int r1 = 2 * ++i1;
```

위 문장은 먼저 i1 변수의 값을 하나 증가시키고 나서 2와 곱하기 연산을 하고 그 결과를 r1 변수에 저장하라는 것을 의미한다. 따라서 i1 변수는 하나 증가하여 11이 저장되고, 이 값을 2와 곱하여 그 결과인 22를 r1 변수에 저장하게 된다.

이번에는 ++ 연산자가 뒤에 붙어있는 경우를 살펴보기로 하자.

```
int r2 = 2 * i2++;
```

위 문장은 우선 i2 변수의 현재값과 2를 곱하여 그 결과를 r2 변수에 저장한 후, i2 변수의 값을 하나 증가시키라는 것을 의미한다. 따라서 i2 변수의 현재값인 10과 2를 곱하여 그 결과인 20을 r2 변수에 저장한 후, i2 변수는 자동으로 하나 증가하여 11이 된다.

++ 연산자가 피연산자 앞에 올 때에는, 먼저 피연산자의 값을 증가시킨 후 그 문장이 해야 할 일을 수행한다.

결국,

```
int r1 = 2 * ++i1;
```

는

```
i1 = i1 + 1;
int r1 = 2 * i1;
```

와 같다.

그러나 ++ 연산자가 피연산자 뒤에 오면, 먼저 그 문장이 해야 할 일을 모두 수행하고 난 후에 피연산자의 값을 증가시키게 된다. 따라서

```
int r2 = 2 * i2++;
```

는

```
int r2 = 2 * i2;
i2 = i2 + 1;
```

과 같은 의미가 되는 것이다.

-- 연산자도 마찬가지다. 이처럼 ++/-- 증감 연산자는 위치에 따라서 결과가 달라지므로, 의도하지 않은 결과를 일으킬 수도 있다. 따라서 이들 연산자는 정확하게 이해하고 사용해야 할 필요가 있다. 일반적으로 피연산자 앞에 증감 연산자를 사용하는 것으로 제한함으로써 문제의 가능성을 방지할 수 있다. 또는 이들 연산자의 기능을 대체할 방법이 있으므로 사용하지 않는 것도 에러를 방지할 수 있는 또 하나의 방법일 수도 있다. 그러나 증감 연산자를 사용할 때 속도가 비교적 빨라진다는 이점이 있다.

산술 연산자에 포함될 수 있는 또 다른 분류는 단항 연산자인 +와 -이다. 이 중에서 +는 거의 사용되지 않는다. 사용하든 안 하든 별 차이가 없기 때문이다. 그러나 - 단항 연산자는 양수를 음수로, 음수를 양수로 변환하는 역할을 수행한다.

```
int i = 100;
i = -i;          // i == -100
```

위 코드에서 i 변수에는 -100 값이 저장된다.

참고로 +/- 단항 연산자는 ++/-- 증감 연산자와는 달리, 단독적으로 문장을 구성하는 것은 의미 없는 작업이 된다.

특별히, + 연산자는 string 타입에 사용될 수 있다. 이 경우에는 string 타입의 두 문자열을 결합한 string 타입의 문자열을 반환한다.

```cpp
string str = "첫 번째 문자열" + "두 번째 문자열";
```

위 코드는 두 개의 문자열을 결합한 결과인 "첫 번째 문자열 두 번째 문자열" 문자열을 str 변수에 저장한다. 이것이 가능한 이유는 string 클래스가 나중에 살펴보게 될 연산자 중복이란 기능을 사용했기 때문이다.

4. 비교 연산자 comparison operator

비교연산자는 두 피연산자의 값을 비교하는데 사용된다. 비교 연산자를 관계 연산자relational operator라고도 한다.

```cpp
// 비교 연산자
<           작다
>           크다
<=          작거나 같다
>=          크거나 같다
==          같다
!=          같지 않다
```

비교 연산자는 연산자 왼쪽에 오는 피연산자를 기준으로 평가한다. 예를 들어 'x < y'라고 하는 비교 표현식은 x가 y보다 작은지 여부를 평가하는 것이 된다.

비교의 결과는 항상 참true이거나 거짓false이다. 따라서 비교 연산자는 bool 데이터 타입의 결과를 반환한다.

```
int x = 10;
int y = 100;
bool b = x == y;          // b = false
```

위 코드에서 3번째 문장은 x 변수에 저장된 값과 y 변수에 저장된 값이 같은지를 판단하여 그 결과를 bool 데이터 타입의 b 변수에 저장한다. 10과 100은 같지 않으므로 b 변수에는 false가 저장될 것이다.

비교 연산자의 특별한 경우로서 ?: 연산자가 있다. 이 연산자는 3개의 피연산자를 연산에 참여시키는 유일한 삼항 연산자로 다음과 같은 구문을 가진다.

```
표현식1? 표현식2 : 표현식3;
```

먼저 표현식1의 참/거짓 여부를 평가한다. 만약 그 결과가 참이라면 표현식2가 연산되고, 거짓이라면 표현식3이 연산된다. 예를 들어 보자.

```
int x = 3;
int y = 4;
int max = x > y ? x : y;
```

위 코드의 3번째 문장에서 먼저 ? 앞에 있는 x > y 표현식을 먼저 평가된다. 참고로 > 연산자는 잠시 후에 나오게 되는 3은 4보다 크지 않으므로 당연히 그 결과는 false가 된다. 따라서 : 뒤에 있는 y의 값을 리턴하므로 max의 값은 4가 된다.

여기에서 주의해야 할 사항이 한가지 있다. 그것은 ? 앞에 있는 표현식의 평가 결과에 따라 연산에 참여하는 표현식이 결정되므로, 연산에 참여하지 않는 표현식의 코드는 절대 실행되지 않는다는 것이다. 다음 코드의 경우를 살펴보자.

```
int x = 3;
int y = 4;
int max = x > y ? ++x : ++y;
```

위 코드에서 max, x, y의 값은 무엇일까? 혹시 이렇게 생각하고 있지는 않을까?

```
max = 5,   x = 4,   y = 5
```

하지만 슬프게도 결과는 다르다.

```
max = 5,   x = 3,   y = 5
```

도대체 이런 결과가 어떻게 나왔을까? 앞에서 설명한 바와 같이 먼저 x와 y 값을 비교한다. 그 결과는 당연히 false다. 따라서 : 뒤에 있는 표현식이 연산에 참여하게 되므로 ++y란 코드를 실행하게 된다. 즉, 'y 값을 하나 증가시킨 후 그 결과를 반환하라.'는 것이다. 따라서 y와 max 값이 모두 5가 된다. 이 과정에서 ++x 표현식은 연산에 참여하지 않으므로 코드가 실행되지 않게 된다. 따라서 x의 값은 그대로 3이 되는 것이다.

연산에 참여하지 않는 표현식의 코드는 절대로 실행되지 않는다는 사실을 꼭 명심해야 한다!

string 타입에 비교 연산자를 사용하여 두 문자열 값이 같은지 여부를 비교할 수 있다.

```
bool b = "당신을 사랑합니다." == "당신을 사랑합니다.";
```

또는

```
string s1 = "당신을 사랑합니다.";
string s2 = "당신을 사랑합니다.";
bool b = s1 == s2;
```

위의 코드는 모두 b 변수에 true를 저장한다. 이것이 가능한 이유도 string 클래스가 나중에 살펴보게 될 연산자 중복이란 기능을 사용했기 때문이다.

5. 논리 연산자 logical operator

논리 연산자는 비교 연산 표현식을 묶어 조건을 결정하는데 사용된다. 논리 연산자는 표준 불리안 연산(AND, OR, NOT)을 수행하므로 불리안 연산자 boolean operator라고도 한다.

```
// 논리 연산자
!               논리 부정(NOT)
&&              논리곱(AND)
||              논리합(OR)
```

! (논리부정) 연산자는 피연산자가 하나인 단항 연산자이며, 피연산자가 true(참)이면 false(거짓), false(거짓)이면 true(참)를 반환한다.

```
bool t = true;
bool f = !t;            // f == false
```

위의 코드에서 t 변수가 true이므로 t 변수의 논리 부정 연산자 !는 false를 반환하여 f 변수에 저장한다.

&&(논리곱) 연산자는 두 개의 피연산자 모두 true(참)이면 true(참)를 반환하고, 어느 하나라도 false(거짓)이면 false(거짓)를 반환한다.

```
int a = 10, b = 20;
int x = 100, y = 200;
bool result = ( a > b ) && (x< y );
```

위 코드의 3번째 문장에서 && 연산자 앞뒤에 있는 비교 표현식을 평가한 후, 두 비교 표현식이 모두 true(참)이면 true(참)를, 모두 false(거짓)이면 false(거짓)를 반환한다. 첫 번째 비교 표현식 'a > b'의 결과는 10이 20보다 작으므로 false(거짓)이다. 그러나 두 번째 비교 표현식 'x < y'의 결과는 100이 200보다 작으므로 true(참)이다. 따라서 && 연산의 결과는 false(거짓)가 되므로, result 변수에는 false가 저장된다.

||(논리합) 연산자는 두 개의 피연산자 중에서 어느 하나라도 true(참)이면 true(참)를 리턴하고, 모두 false(거짓)이면 false(거짓)를 반환한다.

```
int a = 10, b = 20;
int x = 100, y = 200;
bool result = ( a > b ) || (x < y );
```

마찬가지로 첫 번째 비교 표현식은 false이고 두 번째 비교 표현식은 true이므로 || 연산의 결과는 true(참)가 되어 result 변수에는 true가 저장된다.

여기에서 주의할 것은 && 연산자와 || 연산자는 일단 첫 번째 피연산자에 대하여 평가한 후 전체 표현식의 결과가 결정되면 더는 두 번째 피연산자에 대한 평가를 수행하지 않는다는 것이다.

```
int a = 10, b = 20;
int x = 100, y = 200;
bool result = ( ++a > ++b ) && (++ x < ++y );
```

위 코드의 실행 결과는 앞에서와 다르다.

```
result = true
a = 11
b = 21
x = 100
y = 200
```

왜 그럴까?

&& 연산자는 먼저 첫 번째 피연산자를 평가한다. a와 b를 각각 1씩 증가시킨 후 두 값을 비교하며, 그 결과는 false(거짓)다. 여기에서 두 번째 피연산자의 평가 결과가 true(참)든 false(거짓)든 전체 표현식의 평가 결과는 false(거짓)가 될 것이다. 따라서 && 연산자는 더는 두 번째 피연산자를 평가하지 않고 연산을 종료하고 false(거짓)를 반환한다. 그 결과, 두 번째 피연산자 표현식 코드 '++ x < ++y'는 실행되지 않게 되므로 x와 y는 이전 값을 그대로 갖게 된다.

위 코드에서 && 연산자를 || 연산자로 대체하면 '++ x < ++y' 코드는 실행된다. || 연산자는 첫 번째 피연산자의 평가 결과가 false(거짓)이어도 두 번째 피연산자의 평가 결과에 따라 전체 평가 결과가 달라지기 때문이다.

6. 대입 연산자 assignment operator

이미 우리는 대입 연산자를 많이 사용하였다. 대입 연산자는 오른쪽에 있는 값(rvalue라고도 함)을 왼쪽의 변수(lvalue라고도 함)에 저장한다. 따라서 대입 연산자 왼쪽에는 항상 쓰기 가능한 변수가 와야 한다. 대입 연산자는 다른 연산자와 결합하여 사용되기도 한다.

```
// 대입 연산자
=           대입
+=          더한 후 대입
-=          뺀 후 대입
*=          곱한 후 대입
/=          나눈 후 대입
```

대입 연산자가 다른 연산자와 결합하여 사용될 때는 먼저 연산을 수행한 후 그 결과를 저장하게 된다.

```
int x = 10;
x *= 2;            // x = 20, x = x * 2 와 동일
```


7. 연산자 우선순위

산수 계산을 할 때 더하기보다 곱하기를 먼저 계산하게 되는 것처럼 연산자에도 우선순위가 있다.

```
a = b + c * ++d;
```

우선순위란 다른 연산자에 대해 먼저 연산되는 순서를 말한다. 산수 계산과 마찬가지로 산술 연산자 중에서도 '*'나 '/'가 '+'나 '−'보다 우선순위가 높다. 또한, 이항 연산자보다는 단항 연산자가 우선순위가 높다. 그리고 산술 연산자, 비교 연산자, 논리 연산자 순으로 우선순위가 정해진다. 가장 우선순위가 낮은 연산자는 대입 연산자이다. 따라서 위의 코드에서 '++'연산자가 가장 먼저 연산을 수행하고, 그다음에는 '*' 연산자, 그다음은 '+'연산자, 그리고 마지막으로 대입 연산자인 '='가 연산에 참여하게 된다.

지금까지 살펴본 연산자 우선순위를 높은 순으로 정리하면 다음과 같다.

```
!, ++, --
*, /, %
+, -
==, !=, <, >, <=, >=
&&, ||
?:
=, *=, /=, %=, +=, -=
```

이처럼 연산자의 우선순위는 상식 수준을 크게 벗어나지 않으므로 특별히 이해하는 데 문제가 없다. 또한, 이처럼 지정된 우선순위를 변경시키는 방법이 있다. 산수 계산할 때와 마찬가지로 괄호(())를 사용하면 된다.

```
a = (b + c) * ++d;
```

위의 코드에서는 + 연산자가 * 연산자보다 우선순위가 높게 된다.

제어문

C++ 언어를 포함하여 모든 프로그래밍 언어는
프로그램의 실행 흐름을 제어할 수 있는 조건문과 반복문을 제공한다.
이번 절에서는 C++ 언어에서 제공하는 제어문에 대해서 살펴보기로 한다.
이에 앞서 명령문과 코드 블록에 대하여 먼저 살펴보도록 하자.

1. 명령문과 코드 블록

명령문statement 또는 문장이란 명령을 수행하는 단위다. 이미 여러분이 경험하였듯이 모든 명령문은 세미콜론(;)으로 끝나게 된다. 일반적으로 하나의 명령문은 한 행에 기술되지만, 하나의 명령문이 여러 행에 걸쳐 기술될 수도 있다. 즉, 한 행에 세미콜론으로 구분된 명령문을 여러 개 놓는 것이 가능하다. 그러나 가능하다면 하나의 명령문을 한 행에 기술하는 것이 손쉽게 프로그램을 읽거나 디버깅할 수 있게 한다는 점에서 바람직하다.

여러 개의 명령문이 결합되어 논리적으로 하나의 명령을 수행할 수도 있다. 이것을 코드 블록code block 또는 복합문compound statement이라고 한다. 코드 블록은 중괄호({ }) 안에 놓여진다. 여러분은 코드 블록 안에 변수를 선언할 수도 있으며, 또 다른 코드 블록을 포함시킬 수도 있다.

```
intmain( ) {
    // main 코드 블록
    int a;
    ...
    {
        // 내부 코드 블록
        int b;
        ...
        a = 10;         // 코드 블록 외부의 변수에 접근
        b = 10;         // 같은 코드 블록 안의 변수에 접근
    }
        a = 100;            // 같은 코드 블록 안의 변수에 접근
        b = 100;            // 에러! - 포함된 코드 블록 안의 변수에는 접근할 수 없음
}
```

코드 블록 안에서는 당연히 같은 코드 블록 안에 선언된 변수에 접근할 수 있다. 그뿐만 아니라 자신을 포함하고 있는 코드 블록에 선언된 변수에도 접근할 수 있다. 따라서 위의 코드의 예에서 내부 코드 블록에서는 자신의 코

드 블록 안에 선언된 변수 b에 접근할 수 있을 뿐만 아니라, 자신을 포함하는 main 코드 블록에 선언된 변수 a에도 접근할 수 있다.

또한, 당연히 main 코드 블록에서는 변수 a가 자신의 코드 블록 안에 선언되어 있기 때문에 변수 a에 접근할 수 있다. 그러나 main 코드 블록이 포함하고 있는 내부 코드 블록 안에 선언된 변수 b에는 접근할 수 없다.

2. 조건문 conditional statement

조건문은 조건의 참과 거짓 여부에 따라 어떤 작업을 할 것인지를 결정할 때 사용된다.

if 문

조건문의 대표적인 것은 if 문이다. if 문은 다음과 같은 구문을 가진다.

```
if (조건식)
    명령문;
```

위의 if 문은 조건식의 결과가 참이면 명령문을 수행하고, 거짓이면 아무런 작업도 하지 않는다.

```
if (age > 18)
    login = true;
```

위 코드에서는 age 변수의 값이 18보다 크면 login 변수에 true 값을 지정한다. 만약 age 변수의 값이 18 이하라면 아무런 작업도 하지 않는다. 짐작건

데 위 코드는 성인인 경우에만 로그인을 허용하는 프로그램의 코드인 것처럼 보인다.

조건식이 참일 때는 수행되는 명령문이 여러 개인 경우도 있을 수 있다. 이 경우에는 코드 블록을 지정해야 한다.

```
if (조건식) {
    명령문1;
    명령문2;
    ...
    명령문n;
}
```

이때 코드 블록 안에서 실행되는 명령문들은 하나의 논리적인 명령을 구성하게 된다.

```
if (age > 18) {
    login = true;
    scriptExecution = true;
}
```

대부분은 조건식이 거짓인 때에도 어떤 작업을 처리해야 한다. 이 때는 if ... else ... 구문을 사용한다.

```
if (조건식)
    명령문1;        // 조건식이 참일 때 실행됨
else
    명령문2;        // 조건식이 거짓일 때 실행됨
```

또는

```
if (조건식) {
    // 조건식이 참일 때 실행됨
    명령문11;
    명령문12;
    ...
```

```
    명령문1n;
}
else {
    // 조건식이 거짓일 때 실행됨
    명령문21;
    명령문22;

    ...
    명령문2n;
}
```

위의 코드의 예에서 나이가 18세 이상과 이하일 때 서로 다른 코드를 수행해야 한다면 다음과 같이 코드를 작성할 수 있다.

```
if (age > 18) {
    login = true;
    scriptExecution = true;
}
else {
    login = false;
    scriptExecution = false;
}
```

순차적으로 여러 조건을 판단하여 참의 조건을 찾아내야 하는 때도 있다. 이 경우에는 if … else if … else 문을 사용한다.

```
if (조건식1) {
    // 조건식1이 참일 때 실행됨
    명령문1;
}
else if (조건식2) {
    // 조건식2이 참일 때 실행됨
    명령문2;
}
...
else if (조건식n) {
    // 조건식n이 참일 때 실행됨
    명령문n;
}
```

```
else {
    // 그 밖의 경우에 실행됨
    명령문z;
}
```

먼저 조건식1의 참과 거짓 여부를 판단한다. 만약 참이라면 명령문1 코드 블록을 실행하고 if 문은 종료하게 된다. 만약 조건식1이 거짓이면 다시 조건식2가 참인지 여부를 판단한다. 만약 조건식2가 참이면 명령문2 코드 블록을 실행하고 마찬가지로 if 문은 종료하게 된다. 다시 조건식2가 거짓이면 조건식n이 참인지 여부를 판단하고, 참일 때는 명령문n 코드 블록을 실행한다. 만약 조건식n이 거짓이면 명령문n 코드 블록이 실행되고 if 문은 종료하게 된다.

```
if (score > 90)
    result = "아주 훌륭합니다.";
else if (score > 80)
    result = "참 잘했어요.";
else if (score > 70)
    result = "좋습니다.";
else
    result = "분발하세요.";
```

switch...case 문

if … else if … else 문의 사용 예와 같이 여러 대체 조건에 대하여 참과 거짓을 판단해야 하는 때도 있다. 이 경우에는 switch … case 문을 사용하는 것이 좀 더 효율적일 수 있다.

```
switch (조건변수) {
case 값1 :
    // 조건변수 값이 값1과 같을 때 실행
    명령문1;
    break;
case 값2 :
    // 조건변수 값이 값2와 같을 때 실행
```

```
        명령문2;
        break;
        ...
    case 값n :
        // 조건변수 값이 값n과 같을 때 실행
        명령문n;
        break;
    default :
        // 나머지
        명령문z;
    }
```

switch ... case 문은 switch 문에 지정된 조건변수의 값과 위에서부터 case 레이블에 지정된 값을 하나씩 비교해 내려가면서 각 case 레이블에 지정된 값을 비교한다. 만약 이들 중에서 일치하는 값이 있다면 case 레이블 안에 지정된 모든 명령문을 실행하게 된다. 그러나 조건변수의 값과 일치하는 case 레이블값이 없다면 default 레이블에 지정된 명령문을 실행하게 된다. default 레이블은 하나의 case 레이블로 간주되며 생략될 수 있다. break 문을 생략할 수 있다. 그러나 break 문을 생략하면 다음 레이블로 실행흐름이 계속되어 다음 레이블에 해당되는 코드가 실행된다.

따라서 위 구문은 다음 구문과 같다.

```
if (조건변수 == 값1) {
    // 조건변수 값이 값1과 같은 경우에 실행
    명령문1;
}
else if (조건변수 == 값2) {
    // 조건변수 값이 값2와 같은 경우에 실행
    명령문2;
}
...
else if (조건변수 == 값n) {
    // 조건변수 값이 값n과 같은 경우에 실행
    명령문n;
}
```

```
else {
    // 나머지
    명령문z;
}
```

switch … case 문에서 case 레이블에 비교 값의 범위를 지정할 수는 없다. 예를 들어,

```
switch(score) {
case 91 to 100 :        // 에러! – 비교 값의 범위 지정 불가능
...
```

와 같은 표현은 사용할 수 없다. 그러나 다음과 같은 구문을 사용하여 범위를 지정할 수는 있다.

```
switch(score) {
case 91 :
// 생략...
case 99 :
case 100 :
    rate = 1;
    break;
...
```

3. 반복문 loop statement

반복문은 특정한 명령문을 반복하여 실행해야 할 때에 사용된다. 반복문에는 어떤 조건을 만족하는 동안 계속하여 명령을 반복 실행하는 while 문과 일정한 횟수만큼 반복하여 명령을 실행하는 for 문이 있다.

while 문

while 문은 다음과 같은 구문을 가진다.

```
while (조건)
    명령문;
```

또는

```
while(조건) {
    명령문1;
    명령문2;
    ..
    명령문n;
}
```

먼저 while 문에 지정된 조건이 참인지 여부를 판단한다. 만약 조건이 참이면 지정된 명령들을 실행하게 된다. 모든 명령이 실행되면 다시 조건을 판단한다. 또다시 조건이 참이면 명령을 반복하여 실행한 후 조건을 판단한다. 이 과정은 조건이 거짓일 때까지 계속된다.

```
int value;
cout << "10보다 큰 숫자를 입력하세요.";
cin >> value;               // 숫자 값을 입력받음
while (value <= 10) {
    cout << "잘못 입력하셨습니다. 10보다 큰 숫자를 입력하세요.";
    cin >> value;       // 숫자 값을 입력받음
}
cout << "감사합니다." >> value << "을 입력하셨습니다.";
```

위의 예제 코드는 사용자에게 10보다 큰 숫자를 입력하도록 요구하고, 입력된 값을 확인시키는 프로그램의 예이다. 위의 코드는 사용자가 10보다 큰 숫자를 입력할 때까지 영원히 반복 실행된다. 사용자가 입력한 숫자가 10 이하이면 "잘못 입력하셨습니다. 10보다 큰 숫자를 입력하세요." 라는 메시지를

표시하면서 반복하여 사용자로 하여금 10보다 큰 숫자를 입력하도록 강요한다. 이 과정은 사용자가 10보다 큰 숫자를 입력할 때까지 계속된다.

경우에 따라서는 while 문 실행 중간에 반복 과정을 탈출해야 하는 때도 있을 수 있다. 이때 우리는 break 문을 사용할 수 있다. 예를 들어 위의 코드에서 10 이하의 숫자 중에서 짝수를 입력한 경우에는 반복문을 탈출해야 한다고 가정하기로 하자.

```cpp
while (value <= 10) {
    if (value % 2 == 0)
            break;
    cout << "잘못 입력하셨습니다. 10보다 큰 숫자를 입력하세요.";
    cin >> value;      // 숫자 값을 입력받음
}
```

짝수란 2로 나누어서 나머지가 0인 숫자를 말하는 것이므로, 입력된 값과 2의 % 연산의 결과가 0이면 짝수가 된다. 이 경우에는 break 문을 사용하여 while 반복문을 탈출할 수 있다. 이처럼 반복문을 벗어나기 위해서도 break 문을 사용할 수 있다.

do..while 문

지금까지의 while 반복문은 먼저 조건을 판단하여 명령을 실행할지를 결정하므로, 처음 조건이 거짓일 때에는 한 번도 명령을 실행하지 않을 수도 있다. 하지만 경우에 따라서는 반드시 한 번은 명령을 실행해야 하는 때도 있을 수 있다. 이 경우에는 do ... while 문을 사용한다.

```cpp
do
    명령문;
while (조건);
```

또는

```cpp
do {
    명령문1;
```

```
        명령문2;
        ..
        명령문n;
    } while (조건);
```

do ... while 문은 일단 최소한 한 번은 명령을 실행한다. 그 후에 조건을
판단하여 조건이 참이면 명령을 다시 실행한다. 조건이 거짓이라면 do ...
while 문을 벗어난다.

따라서 앞의 예제 코드는 적어도 한 번은 숫자 값을 입력받는 명령을 실행
해야 할 필요가 있으므로 다음과 같이 작성할 수도 있다.

```
int value;
do {
    cout << "10보다 큰 숫자를 입력하세요.";
    cin >> value;      // 숫자 값을 입력받음
} while (value <= 10);
cout << "감사합니다. " << value << "을 입력하셨습니다.";
```

for 문

while 문이나 do ... while 문이 반복 횟수가 결정되지 않은 반복문에 주로
사용된다면, for 문은 반복 횟수가 결정되는 반복문에 사용된다.

```
for ( 초기값; 조건; 증감 )
    명령문
```

또는

```
for ( 초기값; 조건; 증감 ) {
    명령문1;
    명령문2;
    ...
    명령문n;
}
```

예를 들어, "당신을 사랑합니다!"라고 5번쯤 외쳐야 한다면,

```
for (int i = 0; i < 5; ++i)
    cout << "당신을 사랑합니다!\n";
```

라는 코드를 작성할 수 있다.

먼저 for 문은 i 변수를 0으로 초기화한다. 다음에는 i 변숫값이 5보다 작은지 여부를 판단한다. 만약 참이라면 "당신을 사랑합니다!"라는 메시지를 보여준다. 이제 i 변숫값을 하나 증가시키고 다시 5보다 작은지 여부를 판단한다. 만약 참이라면 다시 메시지를 보여주게 되며, 이것은 i 변수가 5가 될 때까지 계속된다. i 변수가 5라면 조건은 거짓이 되므로 for 문이 종료하게 된다. 따라서 위 코드는 i가 0에서부터 4까지의 값을 갖는 동안 반복하여 "당신을 사랑합니다!"라는 메시지를 보여주게 된다.

위 코드는 다음과 같이 while 구문으로 바꾸어 쓸 수 있다.

```
int i = 0;
while ( i < 5 ) {
    cout << "당신을 사랑합니다!\n";
    ++i;
}
```

앞에서 반복문을 탈출하고자 할 때 break 문을 사용한다고 하였다. break 문은 while 문뿐만 아니라 for 문과 함께 사용할 수 있다.

반복문과 함께 사용할 수 있는 다른 또 하나는 continue 문이다. break 문이 반복문을 탈출하는데 사용되는 반면에, continue 문은 코드 블록 안에서 continue 문 이하의 명령 실행을 생략하고 다시 반복문 처음 위치로 이동시키는 역할을 한다.

예를 들어, 위의 코드에서 짝수 번째는 메시지를 보여주지 않기로 했다고 가정하자. 이때 우리는 다음과 같은 코드를 작성할 수 있다.

```
for ( int i = 0; i < 5; ++i ) {
    if ( i % 2 == 0 )
            continue;
    cout << i << " 번째 : 당신을 사랑합니다!\n";
}
```

위 코드의 실행 결과는 다음과 같다.

1번째 : 당신을 사랑합니다!
3번째 : 당신을 사랑합니다!

포인터와 레퍼런스

이번 장에서는 포인터와 레퍼런스의 핵심 개념과 활용법에 대해서 살펴보기로 한다.

C 또는 C++ 프로그램을 공부하는 많은 사람이

어려워하는 것 중의 하나가 이번 장에서 다루게 될 포인터다.

그러나 실무에서 프로그램을 작성하다 보면 포인터에 대해 그다지 어려워할 필요가 없다.

몇 가지 중요한 사항을 이해하기만 하면 포인터를 다루는데 아무런 걸림돌이 없기 때문이다.

함께 다루는 레퍼런스는 Java나 C# 언어 등 다른 객체지향 프로그래밍 언어를

공부할 때도 필수적인 개념이므로 잘 이해하는 것이 필요하다.

1. 포인터 pointer

포인터pointer란 말 그대로 무엇인가를 '가리키는 것'이다. 그렇다면 어디를 가리키는가? 그야 당연히 컴퓨터 메모리 어딘가의 주소address다. 포인터가 가리키는 그곳의 주소를 찾아가면 무엇인가가 있다.

포인터 값을 저장하는 포인터 변수pointer variable는 다음과 같이 선언한다.

int * p;   // 포인터 변수 p 선언

위의 코드는 p라는 이름을 갖는 포인터 변수를 사용하겠다고 컴파일러에 알려준다. 이 포인터 변수에는 어떤 변수의 주소값이 저장된다. 예를 들어 i 변수가 있다고 하고 p 포인터 변수에 i 변수의 주소값을 저장할 수 있다. i 변수의 주소값은 다음과 같이 & 연산자를 통해 구할 수 있다.

p = &i;   // i 변수의 주소값을 p 포인터 변수에 저장함

위의 코드는 & 연산자를 통해 구한 i 변수의 주소값을 포인터 변수 p에 저장한다.

이제 우리는 포인터 변수에 * 연산자를 사용하여 포인터 변수에 저장된 주소의 메모리에 있는 값을 구할 수 있다. 그렇다면 포인터 변수에 저장된 주소 즉, 포인터 변수가 가리키는 주소에 있는 값을 어떻게 해석해야 할까? 그 해답은 포인터 변수를 선언할 때 지정한 데이터 타입에 있다. 예제에서 p 포인터 변수가 int 타입으로 선언되어 있으므로 포인터 변수가 가리키는 주소에 있는 값은 int 타입으로 해석된다. 따라서 p 포인터 변수에 대하여 * 연산자를 통해 구한 값은 int 데이터 타입의 변수에 저장할 수 있게 된다.

int j = *p; // p 포인터 변수가 가리키는 주소에 있는 값을 j 변수에 저장함

그러므로 당연히 포인터 변수에 저장된 주소의 데이터 타입은 포인터 변수의 데이터 타입과 같아야 한다. 따라서 p 포인터 변수에 저장된 주소 즉, i 변수의 데이터 타입은 int이어야 한다.

```
int i = 100;      // i 변수는 int 데이터 타입이고 100이 저장됨
```

이제 지금까지 배운 포인터에 대해 정리해보자.
포인터 변수는 다음과 같이 선언한다.

```
int * p;
```

포인터 변수에 포인터가 가리키는 주소값을 저장하기 위해서는 & 연산자를 사용한다.

```
p = &i;
```

이때 & 연산자는 i 변수의 포인터 데이터 타입을 반환한다. 따라서 i 변수의 데이터 타입은 p 포인터 변수와 같은 int 데이터 타입이어야 한다.

```
int i = 100;
```

포인터 변수를 통해 포인터가 가리키는 주소에 저장된 값을 구하려면 * 연산자를 사용한다.

```
int j = *p;
```

이때 * 연산자는 p 포인터 변수의 데이터 타입인 int 데이터 타입의 값을 반환한다.
정리한 내용을 그림으로 나타내면 다음과 같다.

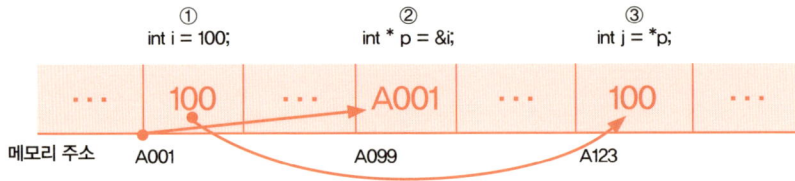

[그림 5.1] 포인터

　지금까지의 포인터에 대한 설명이 포인터의 모든 것이다. 사실 포인터가 그렇게 어려울 것이 없다. 사실 포인터가 어렵다고 느껴지는 것은 포인터의 포인터 즉, 이중 포인터 때문이다. 그러나 이것도 이러한 포인터에 대한 개념을 응용하기만 하면 되므로 어려울게 없다.

　이중 포인터double pointer는 포인터를 가리키는 포인터, 다시 말해 포인터 변수 타입의 포인터를 말한다. 앞의 그림에서 p 포인터 변수가 A099번지에 메모리가 할당되는 것과 같이 포인터 변수도 변수이므로 메모리를 차지하며 메모리의 주소가 있다. 그리고 이중 포인터 변수에는 이 포인터 변수의 주소가 저장된다. 이중 포인터 변수는 다음과 같이 선언된다.

　int ** pp;　　// 이중 포인터 변수 선언

　위의 구문을 다음과 같이 표현하면 이중 포인터 변수가 포인터 타입의 포인터 변수라는 것을 조금 더 쉽게 이해할 수 있다.

　(int*) * pp;　　// 이중 포인터 변수 선언

　그러니까 pp 포인터 변수에는 다음과 같이 int* 타입의 포인터 변수의 주소가 저장된다.

　pp = &p;　　// int* 타입의 포인터 변수 주소 저장

이제 pp 포인터 변수에 대하여 * 연산자를 사용하면 p 포인터 변수에 저장된 값 즉, i 변수의 주소값을 읽어올 수 있다.

int * pi = *pp;   // pp 포인터 변수가 가리키는 주소에 저장된 값을 저장함

위의 코드에서 pi 포인터 변수에는 pp 포인터 변수가 가리키는 주소에 저장된 값 즉, i 변수의 주소값이 저장된다. 따라서 우리는 다음과 같이 i 변수의 값을 꺼내올 수 있다.

int j = *pi;   // i 변수의 값을 저장함

위의 코드에서 *pi는 *(*pp)와 같으므로 다음과 같이 코드를 작성할 수 있다.

int j = **pp;   // i 변수의 값을 저장함

다시 이중 포인터를 정리하면 다음과 같다.

i == *pi == **ppi

이중 포인터를 그림으로 설명하면 다음과 같다.

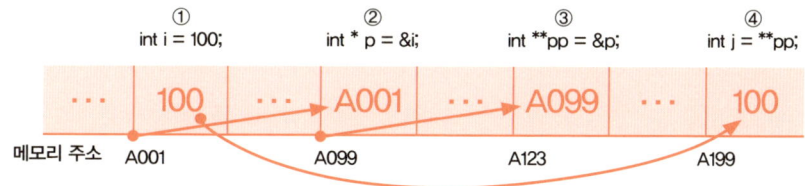

[그림 5.2] 이중 포인터

2. 포인터와 동적 할당 dynamic allocation

지금까지 우리는 이미 생성된 변수의 주소를 가리키는 포인터에 대해서 살펴보았다. 그러나 포인터는 실행 시에 할당되는 메모리의 주소를 가리키는데 더 많이 사용된다. 이것을 동적 할당dynamicallocation이라고 한다. 동적이란 말은 프로그램이 실행될 때 결정되는 것을 의미한다. 따라서 메모리가 동적으로 할당된다는 말은 프로그램이 실행될 때 메모리가 할당되어서 그 시작 주소를 알 수 있다는 것을 의미한다. 동적의 반대말은 정적static이다. 정적이란 말은 컴파일러로 프로그램을 컴파일할 때 결정되는 것을 의미한다. 일반적인 변수는 모두 정적으로 메모리가 할당된다. 다시 말해 컴파일 시에 이미 메모리가 할당되어 프로그램을 실행할 때는 & 연산자를 사용하여 그 시작 주소를 알 수 있다는 말이다. 상수는 항상 정적으로 메모리가 할당된다.

메모리를 동적으로 할당하고 그 시작 주소를 구하는 방법에는 2가지가 있다. C++ 언어에서 간편하고 많이 사용하는 방법은 다음과 같이 new 연산자를 사용하는 것이다.

```
int * p = new int;
```

위의 코드에서처럼 new 연산자 다음에 생성하고자 하는 데이터 타입을 지정해주면 된다. 프로그램이 실행될 때 new 연산자를 만나면 동적으로 메모리 어딘가에 int 데이터 타입의 메모리를 할당한 후에 그 시작 주소 즉, 포인터를 반환한다. 그리고 그 반환된 포인터를 p 포인터 변수에 저장하게 된다.

또 다른 방법은 C 언어의 전통을 그대로 이어받아 malloc()이나 calloc() 표준 함수를 사용하는 것이다. malloc()과 calloc() 모두 지정된 메모리의 바이트 크기 만큼 메모리를 할당하여 그 시작 주소를 반환한다. malloc() 과 calloc()의 차이점은 malloc()이 할당된 메모리를 초기화하지 않는 반면에, calloc( )은 할당된 메모리를 0으로 초기화한다는 것이다. malloc( )은 메모리 할당이란 의미의 memory allocation의 약자이고 calloc( )은 clear allocation 즉, 할당된 메모리를 깨끗하게 청소한다는 의미의 약자이다. 이들 두 함수는 모두 stdlib.h 헤더 파일에 포함되어 있으므로 다음과 같이 코드를 작성한다.

```
#include <stdlib.h>
....
int * p = (int *)malloc(4);      // 4바이트의 메모리를 할당하고
                                 // int * 데이터 타입으로 변환하여 반환함
```

위의 코드에서 int 데이터 타입은 4바이트 크기를 가지므로 malloc( ) 함수에 4를 인수로 전달한다. malloc( )이나 calloc( ) 모두 void * 데이터 타입을 반환하므로 int * 데이터 타입을 반환하도록 타입 변환을 시켜준다. '비어 있다'란 단어의 뜻을 갖는 void는 '없다' 또는 '아무것도 결정되지 않았다'라는 의미로 사용된다. 따라서 void * 데이터 타입을 반환한다는 것은 아직 어떤 데이터 타입으로 반환해야 할지 결정할 수 없으므로 반환할 데이터 타입을 지정해야 한다는 의미가 된다.

동적으로 할당된 메모리는 더는 사용할 필요가 없을 때 반드시 삭제해야 한다. 만약 동적으로 할당된 메모리를 삭제하지 않으면 메모리 누수memory leakage 현상을 발생시켜 사용할 수 메모리가 조금씩 없어져 결국에는 프로그램이 비정상적으로 종료되는 현상이 발생하게 된다. 이것은 C++ 개발자가 피해야 하는 아주 기본적이면서도 중요한 일이다.

만약 new 연산자를 사용하여 동적으로 메모리를 할당했다면 delete 연산자를 사용하여 동적으로 할당된 메모리를 삭제해야 한다.

```
delete p;      // new 연산자로 할당시킨 메모리를 삭제함
```

위의 코드의 예처럼 delete 연산자 다음에 포인터 변수의 이름을 지정하면

된다.

malloc( )이나 calloc( ) 표준 함수를 사용하여 할당시킨 메모리는 free 표준 함수를 사용하여 동적으로 할당된 메모리를 삭제해야 한다. free 함수도 stdlib.h 헤더 파일에 포함된다.

```
free(p);    // malloc( ), calloc( ) 표준 함수로 할당시킨 메모리를 삭제함
```

동적으로 할당된 메모리를 일일이 삭제하는 일은 개발자 입장에서는 상당히 번거롭고 신경 쓰이는 일이다. 그래서 Java나 C#과 같은 현대 객체지향 언어에서는 가비지 컬렉터gabage collector 즉, 쓰레기 수집상이 자동으로 이 작업을 수행하도록 하고 있어 개발자의 부담을 없애준다. 그러나 C++ 언어에는 이런 기능이 없으므로 반드시 주의하여 동적으로 할당된 메모리를 일일이 삭제해야만 한다.

3. 포인터 대입pointer assignment

포인터 변수는 일반 데이터 타입과 마찬가지로 변수이기 때문에 = 연산자를 사용하여 다른 포인터 변수에 값을 저장할 수 있다. 그러나 특별히 동적으로 메모리를 할당할 때는 포인터 대입에 주의하여야 한다. 먼저 다음 코드를 살펴보도록 하자.

```
int *p1 = new int;
*p1 = 100;
int *p2 = new int;
*p2 = 200;
p1 = p2;
*p1 = 300;
```

```
delete p1;
cout << *p2 << '\n';
delete p2;
```

먼저 위의 코드에서 4번째 행까지의 실행 결과를 그림으로 표현하면 다음과 같다.

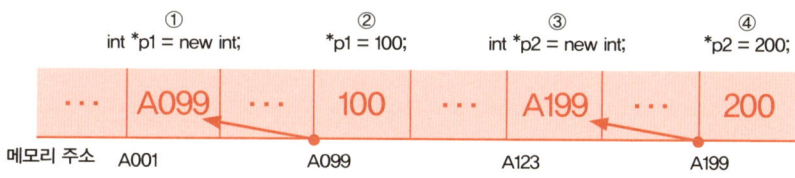

[그림 5.3] 포인터 대입 이전

이제 5번째 행에서 p2 포인터 변수의 값을 p1 포인터 변수에 대입한 결과를 그림으로 표현하면 다음과 같다.

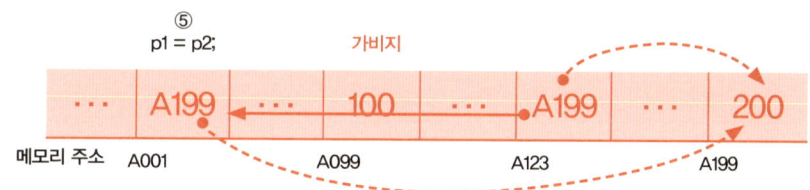

[그림 5.4] 포인터 대입 이후

위의 그림같이 포인터 변수를 대입하면 포인터 변수에 저장되어 있는 주소값이 저장된다. 그러니까 p1 포인터 변수에는 p2 포인터 변수에 저장된 A199라는 주소값이 저장되는 것이다. 따라서 p1 포인터 변수가 가리키던 주소의 메모리는 아무도 사용하지 않는 가비지garbage 즉, 쓰레기로 바뀌고 이제 p1 포인터 변수는 p2 포인터 변수가 가리키는 주소를 동일하게 가리키게 된다.

이제 위의 코드의 6번째 행에서 p1 포인터를 통해 300이란 값을 저장하면 p1과 p2 포인터가 동일하게 가리키는 주소의 값이 300으로 변경된다. 이것을 그림으로 표현하면 다음과 같다.

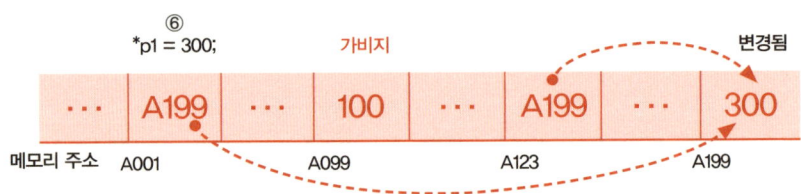

[그림 5.5] p1 포인터를 통한 변경

위의 코드의 7번째 행에서 p1 포인터를 통해 delete 연산자를 사용하여 할당된 메모리를 삭제하면 다음 그림과 같이 p1 포인터와 p2 포인터가 동시에 가리키는 같은 주소의 메모리가 삭제된다.

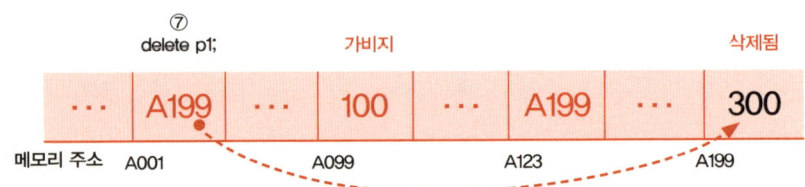

[그림 5.6] p1 포인터를 통한 메모리 삭제

이 상황에서 8번째 행에서 p2 포인터를 통해 이미 삭제된 메모리로부터 값을 읽으려고 하면 심각한 문제가 발생하게 된다. 또한, 9번째 행과 같이 p2 포인터를 통해 delete 연산자를 사용하여 할당된 메모리를 삭제하면 다음 그림과 같이 이미 삭제된 메모리를 이중으로 삭제하게 되므로 심각한 문제가 발생한다.

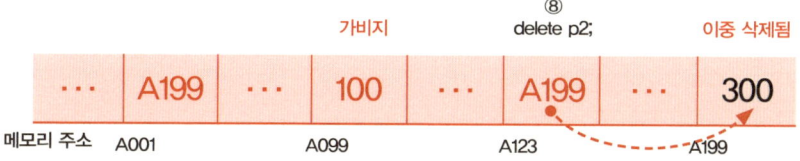

[그림 5.7] p2 포인터를 통한 메모리 삭제 시도

　　따라서 포인터를 대입할 때 이런 문제가 발생하지 않도록 특별히 유의하여
야 한다. 사실 포인터를 문법적으로 이해하는 것은 그다지 어려운 일이 아니
다. 그러나 C++ 언어가 제공하는 포인터란 강력한 기능을 제대로 사용하는
일은 어려운 일이다.

4. 포인터와 배열

　　포인터와 배열은 서로 유사한 특징을 가지므로 서로 바꾸어 사용할 수도 있
다. 예를 들어 '2. 데이터 타입'에서 문자열이 '널 문자로 끝나는 문자의 배
열'로 정의된다고 하였다.

```
char message[ ] = { 'l', ' ', 'l', 'o', 'v', 'e', ' ', 'y', 'o', 'u', '\0'};
```

　　위의 코드는 "I love you!"란 문자열을 문자열 배열로 표현한 예이다. 우리
는 문자열을 다음과 같이 포인터를 사용하여 표현할 수 있다. 사실 이 표현
방법이 문자열을 표현하는 더 일반적인 방법이다.

```
char* msg = "I love you!";
```

위의 코드는 다음 그림과 같이 메모리에 어딘 가에 "I love you!"란 문자열을 저장하고 그 문자열의 시작 주소를 msg 포인터 변수에 저장한다.

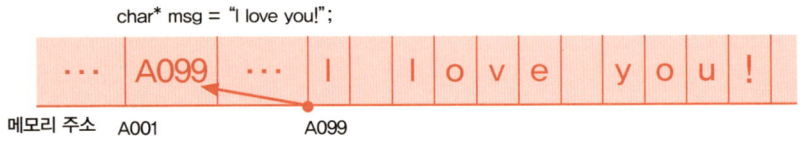

[그림 5.8] p1 문자열 포인터

문자열을 저장한 message 배열을 통해서 다음과 같이 각 요소의 문자에 접근할 수 있다.

```
for(int i = 0; i < 11; i++)
    cout < message[i] <<  '\n';
```

이것과 마찬가지로 msg 포인터 변수를 통해서도 문자열의 각 요소에 접근할 수 있다. 이것을 위해서는 다음과 같이 포인터 변수에 대하여 + 연산을 수행해야 한다.

```
for(int i = 0; i < 11; i++)
    cout <*(msg + i)<<  '\n'';
```

위의 코드에서 i가 0일 때 *(msg+i)은 0번째 문자인 'I'를 표시하고, i가 1일 때 1번째 문자인 ' ', i가 2이면 2번째 문자 'l', 그리고 마지막으로 i가 10일 때 10번째 문자인 '!'를 표시하게 된다.

또한, 배열명 그 자체는 포인터 값을 가진다. 따라서 다음과 같이 배열명을 포인터 변수에 저장할 수 있다.

```
char* msg = message;
```

위의 코드에서 char 데이터 타입의 배열 message 변수 대신에 char* 데이터 타입의 msg 포인터 변수를 통해 같은 데이터에 접근할 수 있게 된다.

이러한 포인터와 배열의 특징은 다른 데이터 타입에도 적용할 수 있다. 다음 코드는 int 데이터 타입의 배열과 int * 데이터 타입의 포인터 변수의 관계를 보여준다.

```
int a[10] = {1, 2, 3, 4, 5, 6, 7, 8, 9, 0};
int* p = a;     // 배열을 포인터 변수에 저장
for(int i = 0; i < 10; ++i)
    cout << *(p + i) << '\n';
```

참고로 ++ 연산자를 사용하여 포인터 변수에 연산을 수행할 수도 있다. 그러나 + 연산자를 사용하는 경우에는 포인터 변수의 값이 변경되지 않는 대신에, ++ 연산자를 사용하면 포인터 변수의 값 자체가 변경되어 포인터 변수가 가리키는 주소가 달라지게 된다. 이 점에 유의해야 한다. 다음 코드는 이전과 같은 결과를 보여주지만, 코드를 실행하고 나면 p 포인터 변수는 더는 a 배열을 가리키지 않게 된다.

```
for(int i = 0; i < 10; ++i)
    cout << *p++ << '\n';
```

위의 코드에서 *p++ 부분은 먼저 *p가 연산 되어 값을 출력하고 ++ 연산이 실행되어 p가 다음 주소를 가리키도록 값이 변경된다.

5. 레퍼런스 reference

레퍼런스reference는 C++에서 제공하는 새로운 데이터 타입이다. 레퍼런스는 실제로는 어떤 변수의 주소값을 가지고 있지만, 문법적으로는 포인터 변

수가 아닌 것처럼 사용되는 데이터 타입이다. 레퍼런스는 포인터가 가진 많은 이점을 그대로 사용할 수 있으면서도, 포인터가 갖는 과부하라든지 어려운 표현을 없앨 수 있으므로 많이 사용된다. 특히 Java나 C#과 같은 현대 객체지향 언어에서는 포인터보다는 레퍼런스를 더 선호한다.

먼저, C++ 레퍼런스를 변수의 다른 이름alias으로 생각할 수 있다. 레퍼런스 변수는 다음과 같이 & 연산자를 사용하여 선언한다.

```
int &otherInt;     // 레퍼런스 변수 선언
```

그러나 위의 구문만으로는 에러가 발생한다. 그것은 레퍼런스 변수는 선언과 동시에 초기화하여 다음과 같이 다른 변수와 연결시켜야 한다. 이때 레퍼런스 변수의 데이터 타입과 같은 데이터 타입의 변수이어야 한다.

```
int actualInt;
int &otherInt = actualInt;     // 이제 otherInt와 actualInt는
                               // 같은 int 변수를 가리킨다.
```

위의 예에서 otherInt라는 레퍼런스 변수는 actualInt의 복사본으로 사용되는 것이 아니라, actulaInt를 ohterInt라는 이름으로 대신 사용할 수 있도록 하는 것이다. 따라서 actualInt와 otherInt는 같은 주소값을 가진다.

레퍼런스 변수를 초기화할 때 그 변수와 영원히 관련성을 갖게 된다. 따라서 이제부터 otherInt 에 대한 연산은 otherInt에 적용되는 것이 아니라 actualInt에 적용된다.

```
int anotherInt = 999;
otherInt = 124;          // acutalInt = 124
++otherInt;              // actualInt = 125
otherInt = anotherInt;   // actualInt = 999
```

위의 코드에서, otherInt에 대한 모든 연산은 실제로 acutalInt에 대해 이

루어진다. ++otherInt는 레퍼런스 변수 otherInt를 증가시키지 않는다. 대신에, otherInt가 actualInt의 다른 이름으로 사용되므로 actualInt 값을 증가시키게 된다. 이와 마찬가지로, "otherInt = anotherInt;"와 같이 레퍼런스 변수에 다른 변수를 대입시킬 때, 레퍼런스 변수 ohterInt가 anotherInt의 다른 이름으로 사용되도록 하는 것이 아니라, anotherInt 변수에 저장된 값인 999를 otherInt의 원래의 이름인 acutalInt 변수에 대입하는 것이 된다.

레퍼런스 변수는 참조하는 변수 없이는 존재할 수 없으며, 독립적으로 사용할 수 없다. 따라서 앞에서 설명한 바와 같이 레퍼런스 변수는 선언할 때 명확하게 초기화되어야 한다. 그리고 한번 초기화된 레퍼런스 변수는 다른 변수의 레퍼런스 변수로 변경될 수 없다.

6. 레퍼런스와 포인터

레퍼런스를 포인터로 생각할 수도 있다. 그러나 레퍼런스 변수는 한번 초기화되면 그 값을 변경할 수 없으므로, 일종의 상수 포인터constant pointer가 되는 셈이다. 상수 포인터란 포인터가 상수이어서 초기화된 주소값을 바꿀 수 없는 포인터 변수를 말한다. 또한, 포인터에 사용되는 '*' 연산자 없이도 사용할 수 있다. 앞의 코드를 포인터를 사용하여 표현하면 다음과 같다.

```
int actualInt = 123;
int *const otherInt = &actualInt;        // actualInt를 가리키는 상수 포인터
```

이같이 레퍼런스는 포인터와 비슷하면서도 다른 점을 갖고 있다.
포인터 변수 *otherInt에 어떤 값을 대입하면, 실제로는 actualInt 변수에

그 값이 들어간다. 마찬가지로 레퍼런스 변수에 어떤 값을 대입하면, 레퍼런스 변수가 다른 이름으로 사용하는 변수에 그 값이 들어간다. 이때, 포인터와는 달리 * 연산자가 필요치 않다. 또한, ohterInt는 상수 포인터이기 때문에, 일단 actualInt로 초기화하고 난 후 다른 int 변수의 포인터로 변경할 수 없다. 이것은 레퍼런스 변수의 경우와 같다.

그러나 레퍼런스는 포인터처럼 조작될 수 없다. 포인터 변수에서는 포인터 그 자체와 * 연산자를 사용하여 가리키는 변수가 명확히 구분된다. 예를 들어, otherInt는 포인터이고, *otherInt는 가리키는 int 값이다. 그러나 레퍼런스 변수에는 * 연산자를 사용할 수 없으므로 레퍼런스 변수 그 자체가 아니라, 가리키는 관련된 변수만을 조작할 수 있다.

6
Chapter

함수

이번 장의 주제는 함수function다.
C 와 C++ 언어 특별히 C 언어에서
프로그램을 구성하는 아주 중요한 구성 요소가 된다.
프로그램은 함수로 구성되고 이들 함수가 차례로 실행됨으로써
프로그램이 하고자 하는 일을 수행하게 된다.
또한, 함수는 C++ 언어에서는
다음에 살펴보게 될 클래스의 구성 요소로서 역할을 한다.
함수를 문법적으로 이해하는 것은 그다지 어렵지 않다.
그러나 함수를 구조적으로 잘 작성하는 일은 쉽지 않다.
함수는 전통적으로 중요한 프로그램 구성 요소이므로
프로시저procedure, 서브루틴subroutine 등 다양한 이름으로 불려 왔으며,
Java와 C# 등 현대 객체지향 언어에서는 메서드method라고 부른다.

1. 함수function

함수function란 말 그대로 '기능'이다. 특정한 작업을 수행하기 위한 명령문의 그룹이다. 모든 C 와 C++ 프로그램은 적어도 main()이라고 하는 하나의 함수를 가진다. 그리고 아무리 작은 프로그램이라도 보통 몇 개의 함수로 구성된다.

함수는 표준 함수와 사용자 정의 함수로 구분된다. 표준 함수standard function란 C 와 C++ 언어에서 제공하는 내장 함수built-in function로서 이미 만들어져 있기 때문에 함수의 기능과 호출 방법만 알고 있으면 언제든지 사용할 수 있다. 우리가 앞에서 살펴본 malloc(), calloc() 등의 함수가 표준 함수의 예이다. C 와 C++ 언어에서는 여러 표준 함수를 묶어 표준 라이브러리standard library로 제공한다. 사용자 정의 함수user-defined function는 개발자가 필요에 따라 만들어 사용하는 함수다. 개발자는 자신의 프로그램 목적에 따라 적절하게 사용자 정의 함수를 만들어 사용할 수 있으며, 또 다른 프로그램에서 사용할 수 있도록 사용자 정의 함수를 작성할 수 있다. 표준 함수와 사용자 정의 함수는 모두 문법적으로 같은 함수이며 사용하는 방법도 같다.

함수를 사용하기 전에는 선언해야 한다. 함수 선언function declaration이란 컴파일러에 이러이러한 함수를 사용하겠다고 함수의 이름과 반환 타입, 매개변수parameter를 미리 알려주는 것을 말한다. 예를 들어 malloc() 함수를 사용하기 위해서는 다음과 같이 함수를 선언해야 한다.

```
void * malloc (size_t size);
```

일반적으로 함수는 .h 확장자를 갖는 헤더 파일header file에 선언하고 소스 코드에서는 헤더 파일을 포함include시키는 방식을 사용한다. 특히 표준 함수인 경우에는 각 헤더 파일에 함수가 선언되어 있다. malloc() 함수의 경우에는 stdlib.h 헤더 파일에 선언되어 있으므로 우리는 다음과 같이 stdlib.h 헤더 파일을 포함시킨 후에 사용한다.

```
#include <stdlib.h>
...
char* p = (void*)malloc(255);
```

표준 함수는 C 와 C++ 언어에서 미리 정의하여 표준 라이브러리 형태로 제공하고 있지만, 사용자 정의 함수는 함수를 직접 정의해야 한다. 함수 정의 function definition란 함수가 수행하는 기능을 구현한 함수의 몸체body를 제공하는 것을 말한다.

함수 정의는 다음과 같은 형식을 가진다.

```
반환타입 함수명 (매개변수 목록)
{
    // 함수 몸체
}
```

반환타입return type은 함수가 반환하는 값의 데이터 타입을 말한다. 만약 함수가 반환하는 값이 없다면 void라는 키워드를 사용하여 반환하는 값이 없다는 것을 명시해야 한다. 함수명function name은 함수의 이름이다. 매개변수 목록parameter list에는 함수가 호출될 때 전달되는 값 즉, 인수argument들의 데이터 타입과 매개변수명이 나열된다. 함수 몸체function body는 함수가 무엇을 하는지를 정의한 명령문 들을 포함한다.

다음 코드는 2개 수의 값을 비교하여 더 큰 값을 반환하는 max라는 함수를 정의한 예이다.

```
int max ( int num1, int num2 )
{
    int result;
    f ( num1 > num2 )
        result = num1;
```

```
        else
                result = num2;
        return result;
}
```

위의 코드의 첫 번째 행에서 max 함수는 int 데이터 타입의 num1과 num2 두 개의 매개변수를 가지며 더 큰 값을 반환하기 위한 int 데이터 타입의 반환 타입을 가진다. 이렇게 첫 번째 행을 구성하는 반환타입, 함수명, 매개변수 목록을 함수 원형function prototype 또는 함수 시그너처function signature라고 부른다. 함수를 선언할 때 이 함수 원형만 선언하면 된다.

함수 원형 다음 행의 열린 중괄호 { 에서부터 마지막 행의 닫힌 중괄호 } 까지가 함수 몸체이다. 위의 코드 예에서는 매개변수로 넘어온 num1과 num2 두 개의 인수를 비교하여 더 큰 값을 result 임시 변수에 저장한 후에 마지막으로 이 result 값을 반환한다. 이처럼 함수 몸체는 함수의 기능을 구현한 코드를 포함하게 된다.

이렇게 정의된 함수를 사용하기 위해서는 함수를 선언해야 한다. 앞에서 설명한 것과 같이 함수 선언은 함수 원형을 포함한다. 위의 예에서 max 함수를 선언하는 코드는 다음과 같다.

```
int max (int num1, int num2 );
```

또는 매개변수명을 생략하고 매개변수 타입만으로 다음과 같이 선언할 수 있다.

```
int max (int, int);
```

함수를 사용하기 위해서는 함수를 호출하여야 한다. 이것을 함수 호출function call이라고 한다. 프로그램이 함수를 호출하면 프로그램 세어program control는 호출된 함수called function로 넘어간다. 호출된 함수가 정의된 작업을 수행하고 반환하거나 닫힌 중괄호를 만나서 함수의 실행이 끝나면 프로그램 제어는 함수를 호출한 프로그램으로 되돌아오게 된다. 함수를 호출할 때는 함수에 정의된 매개변수에 인수를 넘겨주어야 한다. 함수에 정의된 매개변수 순서대로 지정된 데이터 타입의 값 즉, 인수를 괄호 안에 지정하면 된다. 함수가 반환값을 반환한다면 = 연산자를 사용하여 반환값을 저장한다. 예를 들어 max 함수를 호출하는 코드는 다음과 같다.

```
int ret;
ret = max(100, 200);
```

이때 max() 함수의 첫 번째 매개변수 num1에는 100이란 인수가 전달되고, 두 번째 매개변수 num2에는 200이란 인수가 전달된다. max() 함수는 이들 두 인수를 비교하여 더 큰 값인 200을 반환값으로 호출한 프로그램에 넘겨 주고 그 값이 ret 변수에 저장된다.

2. 함수 인수 전달 방식

함수를 호출할 때 그 함수가 제대로 일을 하기 위해서는 메서드가 일하는 데 필요한 정보를 전달해야 하며, 이 정보는 매개변수를 통해 인수로 함수에 넘겨진다. 이때 함수에 인수를 넘겨주는 방법에는 크게 두 가지가 있다. 값으로 호출call-by-value 방식과 참조로 호출call-by-reference 방식이 그것이다.

여기에서 중요한 것은 이와 같은 인수 전달 방법은 호출된 함수 안에서 전달된 인수를 변경할 때 함수를 호출한 측의 변수를 변경시키는지로 구분된다는 것이다. 값으로 호출 방식은 함수를 호출한 측의 변수의 복사본을 인수로 함수에 전달한다. 따라서 이 복사본 인수의 값을 변경시킨다고 하더라도 함수를 호출한 측의 변수에는 아무런 영향도 미치지 않게 된다. 그러나 참조로 호출 방식은 함수를 호출한 측의 변수의 포인터 또는 레퍼런스 변수의 참조 정보가 인수로 함수에 전달된다. 따라서 이러한 참조 정보 인수의 값을 변경시키면 참조되는 변수가 변경되므로 함수를 호출한 측의 변수에 영향을 미치게 된다.

함수에 전달되는 인수는 스택 메모리에 저장된다. 스택stack이란 LIFOLast-In-First-Out 구조를 갖는 메모리 영역이다. LIFO란 말 그대로 마지막으로 들어온 것이 제일 처음에 나가게 된다는 것을 의미한다. 마치 식당에서 사용하는 접시와 같다. 설거지가 끝난 접시들은 순서대로 하나씩 차곡차곡 쌓아놓고 위에서부터 즉, 마지막에 올려놓은 것부터 접시를 사용한다. 스택에 메모리를 할당하는 것을 푸시push라고 하며, 스택에 할당된 메모리를 해제하는 것을 팝pop이라고 한다. 그러니까 LIFO란 가장 마지막으로 스택에 푸시된 메모리가 가장 먼저 팝되는 것을 말한다. 이러한 스택 메모리에는 메서드의 인수뿐만 아니라 잠시 후에 살펴보게 될 지역 변수local variable도 저장된다.

값으로 호출 방식으로 인수를 함수에 넘겨주는 것에 대해서 좀 더 자세히 살펴보기로 하자. 앞에서 값으로 호출 방식을 사용할 때 함수를 호출하는 측의 변수의 복사본 값이 인수로 함수에 전달되며, 따라서 함수 안에서 이 복사본을 변경시킨다고 해도 호출하는 측의 변수에는 아무런 영향도 미치지 않게 된다고 하였다. 다음 코드를 살펴보자.

```cpp
void function(int value)
{
    value = 100;
}
void foo( )
{
    int i = 0;
    function(i);    // 값으로 호출
    cout <<i;    // i == 0
}
```

먼저 foo( ) 함수가 호출되면 int 데이터 타입의 i 변수를 스택에 푸시한다.

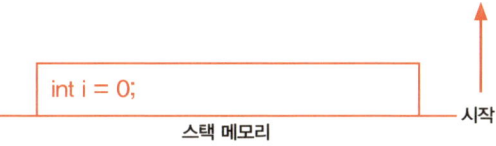

[그림 6.1] i 변수 푸시

다음에 i 변수를 인수로 function( ) 함수를 호출할 때 int 데이터 타입의 value 인수를 스택에 푸시하고 value 인수를 i 변수의 값 즉, 0으로 초기화 한다.

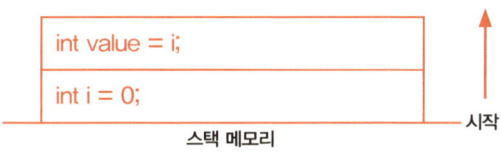

[그림 6.2] value 인수 푸시

다음에 function( ) 함수는 스택에 푸시된 value 변수의 값을 100으로 변 경시킨다. 이때 호출 측의 i 변수는 아무런 영향도 받지 않게 된다.

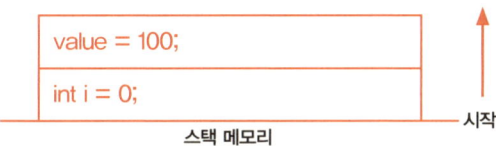

[그림 6.3] value 인수값 변경

function( ) 함수가 실행을 끝내고 foo( ) 함수로 리턴할 때 스택에 저장된 value 인수는 팝되어 사라진다. 따라서 스택 메모리는 처음 그림과 동일한 상 태가 됩니다. 또한 function( ) 함수가 실행될 때 i 변수에는 어떠한 영향도 미치지 않았기 때문에 i 변수는 funtion( ) 함수가 호출되기 전의 상태 그대로 0 값이 저장되어 있게 된다. 따라서 i 변수를 출력하면 0이란 결과를 표시하게 된다.

이제 foo( ) 함수도 실행을 끝내고 반환되면 스택에 푸시된 i 변수도 팝되어 사라지게 되므로 스택 메모리는 다음 그림과 같이 아무것도 없는 상태가 된다.

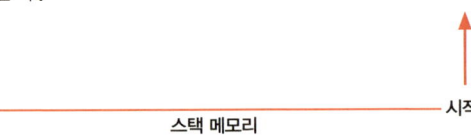

[그림 6.4] i 변수 팝

결국, 값으로 호출 방식으로 함수에 인수를 넘겨줄 때는 복사본 값만 전달되므로 호출 측에는 아무런 영향도 받지 않게 됨을 알 수 있다.

C++ 언어는 두 가지 방법으로 참조로 호출 방식의 인수 전달 방법을 제공한다. 포인터와 레퍼런스가 그것이다. 먼저 포인터를 사용하는 방법에 대해서 살펴보도록 하자.

```cpp
void function(int* p)
{
    *p = 100;
}
void foo( )
{
    int i = 0;
    function(&i);     // 참조로 호출
    cout << i;     // i == 100
}
```

먼저 foo( ) 함수가 호출되면 int 데이터 다입의 i 변수를 스택에 푸시한다. 이 변수가 메모리의 2000번지 위치에 할당되어 저장되어 있다고 가정하자. 물론 이 메모리 위치는 0으로 초기화된다.

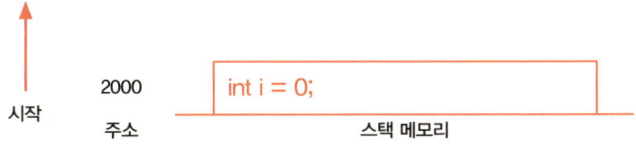

[그림 6.5] 스택 푸시

다음에 i 변수의 주소값 즉, 2000을 인수로 function( ) 함수를 호출할 때 int * 데이터 타입의 p 인수가 스택에 푸시되어 할당된다. 물론 이때 p 포인터 인수는 i 변수의 주소값 즉, 2000으로 초기화된다.

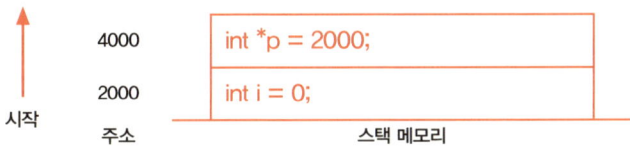

[그림 6.6] 포인터 푸시

다음에 function( ) 함수에서는 스택에 푸시된 p 포인터 인수를 통한 포인터 연산을 통해 p 포인터 인수에 저장된 주소 위치에 100을 저장한다. 따라서 이러한 포인터 연산의 결과 호출 측의 i 변수의 값이 변경되게 된다.

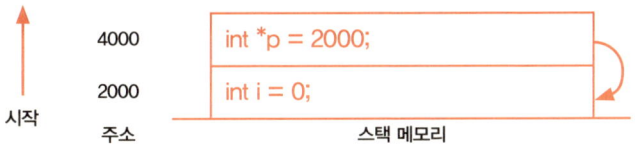

[그림 6.7] 포인터를 통한 변경

그러나 이처럼 포인터를 인수로 넘겨주는 방식은 함수 내부에서 포인터 연산을 해야 한다는 점에서는 조금 번거로울 수 있다. 이것을 해결해주는 것이 바로 레퍼런스reference를 인수로 넘겨주는 방법이다.

```
void function(int & r)
{
    r = 100;
}
void foo( )
{
    int i = 0;
    function(i);        // 참조로 호출
    cout << i;       // i == 100
}
```

앞에서 레퍼런스를 일종의 별명으로 생각할 수 있으며, 선언 시에 반드시 별명으로 사용할 다른 변수로 초기화하여 연결시켜야 한다고 하였다. 위의 코드에서 function( ) 함수를 호출할 때 r 레퍼런스 변수는 i 변수로 초기화된다. 따라서 이제 function( ) 함수 내에서 r 레퍼런스 변수는 i 변수의 별명이 되는 것이다. 이것은 r 레퍼런스 변수에 어떤 값을 저장할 때 그것이 원래의 i 변수에 저장된다는 것을 의미하는 것이 된다. 결국, 레퍼런스를 사용한 인수 전달 방식은 포인터와 마찬가지로 함수를 호출한 측의 값을 변경시키게 된다. 하지만 포인터와 같이 포인터 연산을 해야 하는 번거로움이 없어지게 된다.

3. 변수 영역

변수의 영역scope은 정의된 변수가 존재하고 접근할 수 있는 범위를 결정한다. 변수는 정의되는 영역에 따라 지역 변수와 전역 변수로 구분된다.

지역 변수local variable는 함수 또는 블록block내부에 정의되며, 해당 함수와 블록 내부의 범위에서만 생명이 유지되고 접근할 수 있다. 그것은 지역 변수가 스택에 저장되기 때문이다. 지역 변수는 함수나 블록이 시작되면 스택에 푸시되었다가 함수의 실행이 끝나면 스택에서 팝이 된다. 따라서 지역 변수의 생명과 접근은 해당 함수나 블록으로 한정되는 것이다. 그러므로 지역 변수는 그 영역의 범위를 벗어나면 접근할 수 없다. 다음 코드의 예를 보자.

```
int main( )
{
    // 함수 지역 변수 a, b, c
    int a = 10;
    int b = 20;
    int c;
    {
        // 블록 지역 변수 a
        int a = 100;
        b = 200;
        c = a + b;
        cout << "a = " << a << ",b = " << b << ",c = " << c << '\n';
        // 결과 : a = 100, b = 200, c = 300
    }
    c = a + b;
    cout << "a = " << a << ",b = " << b << ",c = " << c << '\n';
    // 결과 : a = 10, b = 200, c = 210
}
```

위의 코드 예에서 main 함수 내에 지역 변수로 a, b, c 변수가 정의되어 있다. 그리고 main 함수 안에는 새로운 블록(열린 중괄호 { 와 닫힌 중괄호 } 사이의 코드 부분) 안에 지역 변수 a를 정의하였다. 이 경우에 프로그램이 실행되면 main 함수 영역의 a, b, c 변수가 생성되어 스택에 푸시되고 a와 b는 각각 10과 20으로 초기화된다. 그리고 새로운 블록 안으로 실행 흐름이 들어오면 다시 블록 영역의 a 변수가 생성되어 스택에 푸시되고 100으로 초기화된다. 블록도 main 함수 영역에 포함되므로 블록 안에서 b와 c 변수에 접근할 수 있다. 따라서 블록 안에서 함수 영역의 b 변수의 값을 200으로 변경할 수 있고, 블록 영역의 a 변수의 값 100과 함수 영역의 변경된 b 변수의 값 200을 더하여 함수의 영역의 c 변수에 300을 저장하고 "a = 100, b = 200, c = 300"이란 결과를 표시한다. 이제 블록의 실행이 끝나면 블록 안에 정의된 a 변수의 생명은 끝나게 된다. 스택에서 팝이 되기 때문이다. 그러니까 블록 외부의 main 함수에서는 블록 안에 정의된 a 변수에 접근할 수 없게 된다. 따라서 main 함수에서 a 변수의 10과 블록 안에서 변경시킨 b 변수의 값 200을 더하여 c 변수에 210을 저장하고 "a = 10, b = 200, c = 210"이란 결과를 표시하게 된다

전역 변수global variable는 모든 함수 외부의 프로그램 전역에서 정의되며, 프로그램이 시작해서 종료될 때까지 생명이 유지되고 어디서든 접근할 수 있다. 전역 변수는 정적 데이터 영역에 저장된다. 다음 코드는 전역 변수의 사용 예를 보여준다.

```cpp
// 전역 변수 g
int g;
int main( )
{
    // 지역 변수 a, b
    int a = 10;
    int b = 20;
    g = a + b;
    cout << "a = " << a << ", b = " << b << ", g = " << g << '\n';
    // 결과 : a = 10, b = 20, g = 30
}
```

위의 코드는 int 데이터 타입의 전역 변수 g가 main( ) 함수 위에 정의되어 있으며, main( ) 함수 안에서 사용되고 있다. 만약 다음과 같이 전역 변수와 같은 이름을 갖는 지역 변수가 정의되어 있으면 지역 변수가 우선한다.

```cpp
// 전역 변수 g
int g = 20;
int main( )
{
    // 지역 변수 g
    int g = 10;
    cout << "g = " << g << '\n';
    // 결과 : g = 10
}
```

위의 코드에서 main( ) 함수의 지역 변수 g가 전역 변수에 우선하여 참조되므로 지역 변수 g에 초기화된 값 10이 표시된다. 이 경우 전역 변수에 접근하고 싶다면 영역 결정 연산자scope resolution operator를 사용해야 한다.

```
cout << "g = " << ::g << '\n';
```

위의 코드는 지역 변수 g 대신에 전역 변수 g에 저장된 값을 표시한다.

만약 전역 변수를 사용하는 코드 이전에 전역 변수가 정의되어 있지 않다면 컴파일러는 전역 변수가 선언되어 있지 않다는 에러를 발생시킨다. 예를 들어 전역 변수가 다른 소스 코드 파일에 정의되어 있다든가, 또는 전역 변수를 사용하는 코드 뒤에 정의되어 있을 수 있다. 이런 때에는 전역 변수를 사용하는 코드 앞에 해당 전역 변수를 사용하겠다고 컴파일러에 알려주어야 한다. 이때 다음과 같이 extern 키워드를 사용하여 전역 변수를 선언declare한다.

```
// 전역 변수 g 선언
extern int g;
void calc( )
{
    // 지역 변수 a, b
    int a = 10;
    int b = 20;
    g = a + b;
    cout << "a = " << a << ", b = " << b << ", g = " << g << '\n';
}
// 전역 변수 g 정의
int g;
int main( )
{
    calc( );
    return 0;
}
```

우리는 '2. 데이터 타입'에서 변수를 초기화하지 않으면 해당 변수의 메모리 위치에 우연히 남아 있는 쓰레기garbage 값이 저장된다고 하였다. 이것은 지역 변수에 대해서만 유효한 설명이다. 전역 변수일 때는 자동으로 초기화되어 숫자 데이터 타입이면 0, char 데이터 타입은 널null(`'\0'`), 포인터의 경우에는 NULL 값이 디폴트 값default value으로 저장된다.

지역 변수와 전역 변수의 성격을 모두 갖는 특별한 유형의 변수로 정적 변수static variable가 있다. 정적 변수는 지역 변수와 마찬가지로 변수가 선언된 함수나 블록 안에서만 접근하고 사용할 수 있다. 그러나 정적 변수는 전역 변수와 마찬가지로 정적 데이터 영역 안에 저장되므로 프로그램이 실행 중에 계속하여 생명이 유지된다. 또한, 전역 변수와 마찬가지로 초기화하지 않으면 디폴트 값으로 초기화된다. 정적 변수는 static 키워드를 사용하여 선언한다. 다음 코드는 정적 변수를 사용한 예다.

```
int main( )
{
    int c;
    for (int i = 0; i < 5; i++) {
        c = loopCount( );
        cout << c << "번째 호출했습니다." << '\n';
    }
    return 0;
}
int loopCount( )
{
    static int count = 0;     // 정적 변수
    return ++count;
}
```

정적 변수의 초기화는 정적 변수가 선언된 함수나 블록이 처음 실행될 때만 딱 한 번 이루어진다. 위의 코드에서 loopCount( ) 함수에 선언된 count 정적 변수는 main( ) 함수에서 첫 번째 루프가 실행되어 loopCount( ) 함수를 처음 호출할 때만 초기화된다. 그리고 그 이후에는 계속 증가된 값을 유지하게 된다. 따라서 loopCount( ) 함수의 실행이 끝나도 count 정적 변수의 값은 그대로 유지된다. 그리고 main( ) 함수에서 두 번째 루프가 실행되어

loopCount( ) 함수를 호출하면 count 정적 변수는 초기화되지 않고 이전 값을 그대로 유지한다. 따라서 count 정적 변수의 값을 증가시키고 다음 실행 시까지 증가된 값을 계속 유지하게 된다.

이러한 정적 변수의 특징을 잘 활용하면 효율적인 프로그램을 작성할 수 있다. 예를 들어 함수 내부에서 지역 변수로 큰 배열을 선언하고 초기화한다면 함수가 호출될 때마다 큰 배열이 매번 생성되고, 초기화되고, 소멸되는 과정을 반복하기 때문에 프로그램이 느려진다. 이 경우에 함수 내부에서 배열을 정적으로 선언하면 처음에 한 번만 초기화되고 프로그램이 끝날 때까지 유지되므로 이런 문제점을 해결할 수 있다.

4. 매개변수 기본값

앞에서 함수를 사용하기 위해서는 해당 함수의 원형prototype 또는 시그너처 signature를 선언해야 한다고 하였다. 함수의 원형을 선언할 때 함수의 매개변수에 기본값default value을 지정할 수 있다. 함수를 호출하는 코드에서 대응되는 매개변수를 생략하면, 컴파일러는 자동으로 함수 원형에 지정된 기본값을 인수로 넘겨준다. 물론, 함수를 호출할 때, 기본값이 지정된 매개변수 위치에 매개변수 값을 지정하면 지정된 매개변수의 값이 인수로 전달된다.

다음 코드는 매개변수 기본값default argument이 지정된 함수의 선언 예를 보여준다.

```
void myFunction(int i=5, double d=1.23);
```

위의 함수를 호출할 때 우리는 다음과 같이 여러 가지 방법으로 매개변수를 지정할 수 있다.

```
myFunction(12, 3.45);    // 매개변수 값은 각각 12와 3.45가 된다.
myFunction(3);           // 두 번째 매개변수 생략
                         // myFunction(3, 1.23)과 같다.
myFunction( );           // 두 매개변수 모두 생략
                         // myFunction(5, 1.23)과 같다.
```

함수의 매개변수에 기본값을 지정하는 기능은 중복되는 코드를 입력하지 않아도 된다는 편리함과 함께 많은 유연성을 제공해준다. 그러나 매개변수 기본값을 사용할 때 다음과 같은 몇 가지 규칙을 지켜야 한다.

먼저 첫 번째 매개변수를 생략하여 기본값을 사용하려면, 나머지 오른쪽에 있는 매개변수들도 생략하여 기본값을 사용해야만 한다. 위의 예에서, 첫 번째 int 데이터 타입을 갖는 매개변수에 기본값을 사용하려면, 두 번째 double 데이터 타입을 갖는 매개변수도 생략하여 기본값을 사용하도록 해야 한다.

만약 매개변수 목록 중간에 있는 매개변수를 생략하여 기본값을 사용하려면, 해당 매개변수 오른쪽에 있는 매개변수들도 모두 생략하여 기본값을 사용해야 한다. 따라서 위의 코드 예에서 다음 코드의 예는 에러가 된다.

```
myFunction( , 3.5);    // 첫 번째 매개변수만 생략됨. 에러임!
```

당연한 말이지만 함수 원형에 기본값을 갖지 않는 매개변수는 생략할 수 없다. 다음 코드의 경우를 살펴보자.

```
void yourFunction(int i=5, char ch, double d=1.23);
      :
yourFunction( );    // 기본값을 갖지 않은 char 데이터 타입 매개변수도 생략됨. 에러임!
```

위의 코드에서 yourFunction 함수는 기본값을 갖지 않은 두 번째 char 데이터 타입 매개변수도 생략한 채로 호출되었으므로 에러가 된다. 두 번째 매개변수에 값을 지정해주기 위해서는 첫 번째 매개변수는 기본값이 지정되어 있다 하더라도 반드시 매개변수 값을 제공하여 호출해야만 한다.

```
yourFunction(5, 'c');    // 첫 번째 매개변수에 기본값이 지정되어 있어도
                         // 반드시 매개변수 값을 제공해야 한다.
                         // yourFunction(5, 'c', 1.23) 과 같다.
```

5. 함수 오버로딩 function overloading

함수 오버로딩 function overloading은 프로그램을 읽기 쉽도록 하는 C++ 언어 기능 중의 하나다. 예를 들어 int 데이터 타입의 제곱 값을 구하는 함수, float 데이터 타입의 제곱 값을 구하는 함수, 그리고 double 데이터 타입의 제곱 값을 구하는 함수가 필요하다고 하자. 단순하게 생각한다면 이들 함수를 다음과 같이 각각 다른 함수 이름으로 작성한 뒤에 매개변수에 따라 원하는 함수를 호출하도록 코드를 작성할 수 있다.

```
int getIntMul(int x);
float getFltMul(flat x);
double getDblMul(double x);
```

그러나 C++ 언어에서는 이들 함수에 모두 같은 함수 이름을 부여할 수 있도록 함수 오버로딩 기능을 제공한다.

```
int getMul(int x);
float getMul(float x);
double getMul(double x);
```

같은 이름으로 여러 함수가 선언되면 컴파일러는 매개변수의 수와 데이터 타입을 비교하여 어떤 함수를 호출해야 할지를 결정하게 된다.

```
int i = 30;
float f = 30.2;
```

```
double d = 33.3;

i = getMul(i);       // getMul(int x) 호출
f = getMul(f);       // getMul(float f) 호출
d = getMul(d);       // getMul(double d) 호출
```

매개변수의 수는 다르지만, 비슷한 기능을 수행하는 함수에도 함수 이름을 오버로딩할 수 있다. 문자열을 복사하는 strcpy()와 strncpy()의 오버로딩 함수를 작성하면 다음과 같다.

```
void copyString(char *dest, const char *src)
{
    cout << "In strCopy with 2 parameters\n";
    strcpy(dest, src);
}

void copyString(char *dest, const char *src, int len)
{
    cout << "In strCopy with 3 parameters\n";
    strncpy(dest, src, len);
}
```

위의 코드에서 copyString이라는 같은 이름을 갖지만 서로 매개변수가 다른 두 함수가 오버로딩 되어 있다. 첫 번째 함수는 두 개의 char * 데이터 타입의 매개변수를 갖고 있으며, 두 번째 함수는 두 개의 char * 데이터 타입과 한 개의 int 데이터 타입의 매개변수를 갖고 있다. 이들 오버로딩 함수는 다음과 같이 사용할 수 있다.

```
char str1[20], str2[20];
copyString(str1, "That");
copyString(str2, "This is a string", 4);
```

위의 코드가 실행되면 C++ 컴파일러는 두 함수의 매개변수를 검사하여 어느 함수를 호출해야 할지를 결정한다. copyString() 함수를 처음 호출할 때는 매개변수가 2개이므로 두 개의 매개변수를 갖는 copyString() 함수를 호

출하고, 두 번째 호출할 때는 매개변수가 3개이므로 세 개의 매개변수를 갖는 copyString( ) 함수를 호출하게 된다.

이때, 함수 매개변수에 기본값을 지정하는 경우에 주의해야 한다. 다음과 같이 두 번째 copyString( ) 함수에 매개변수 기본값을 지정한다고 하자.

```
void copyString(char *dest, const char *src, int len = 10);
```

이 경우에, 두 번째 copyString( ) 함수를 호출할 때 컴파일러는 두 개의 매개변수를 갖는 copyString( ) 함수를 호출해야 할지, 세 번째 매개변수가 기본값을 갖는 세 개의 매개변수를 갖는 copyString( ) 함수를 호출해야 할 지 알 수 없게 된다. 따라서 이 경우에는 에러가 발생하게 된다.

또한, 완전히 관련이 없는 함수에 대해 함수 이름을 오버로딩 할 수 없다. 다음 코드는 다른 함수 이름을 사용해야 한다.

```
void getHome( );                  // 커서를 화면의 원점(0, 0)으로 이동시킨다.
char *getHome(char *name);     // 매개변수의 name에 지정된 이름의 주소를 구한다.
```

또한, 반환값만 다른 함수를 오버로딩할 수 없다.

```
int serach(char *key);
char *search(char *name);
```

6. 함수 포인터 function pointer

함수 포인터function pointer란 함수를 가리키는 포인터를 말한다. 정의된 함수도 메모리 상의 주소에 있게 되므로 함수가 저장된 시작 주소를 포인터 변수에 저장할 수 있다. 바꿔 말하면 함수 타입의 포인터 변수가 함수 포인터가 되는 것이다. 일반적인 포인터는 변수가 저장된 주소를 가리키지만, 함수 포인터는 함수의 시작 주소를 가리킨다.

예를 들어 다음과 같이 정의된 함수가 있다고 하자.

```
int func( int a )
{
    // func 함수의 몸체
}
```

위 예제 코드의 함수에 대한 함수 포인터 변수는 다음과 같이 선언한다.

```
int (*pf) ( int );      // int func(int a) 함수의 포인터 선언
```

함수 포인터 변수를 선언하기 위해서는 먼저 함수의 원형으로부터 함수 이름을 함수 포인터 변수 이름으로 대체한다. 위의 코드에서는 pf가 함수 포인터 변수의 이름이다. 다음에는 함수 포인터 변수 이름 앞에 * 를 붙이고 * 과 함께 함수 포인터 변수를 괄호로 싸주면 된다.

이렇게 함수 포인터 변수를 선언했다면 원형이 같은 함수는 어느 것이나 가리키도록 할 수 있다. 단순히 함수의 이름을 함수 포인터 변수에 대입하여 저장하면 된다. 그것은 함수명 그 자체가 함수의 시작 주소를 나타내는 포인터 상수pointer constant이기 때문이다. 이 점은 배열명이 배열의 시작 주소를 나타내는 포인터 상수인 것과 마찬가지다.

```
pf = func;      // 함수 포인터 저장
```

이제부터는 함수 포인터 변수를 통해 함수를 호출할 수 있게 된다. 이것은 일반적인 포인터 변수를 통해 * 연산자를 사용하여 변수의 값을 구하는 것과 유사하다.

```
(*pf) ( 100 );      // 함수 포인터로 함수 호출방법 #1
```

(*pf)는 함수 포인터 변수에 대하여 * 연산자를 사용하여 함수를 호출하는 표현이다. 괄호 안에 감싸는 이유는 * 연산자보다 ( ) 연산자가 우선순위가 높기 때문이다. (*pf)가 함수를 호출하는 것이기 때문에 당연히 함수에 인수를 넘겨주어야 한다. 위의 예제 코드에서는 100을 인수로 넘겨주고 있다.

 * 연산자를 사용하지 않고 함수 포인터를 통해 함수를 호출하는 간편한 구문도 있다. 함수 포인터를 함수와 같은 방법으로 사용하게 하는 것이다. 따라서 다음과 같이 그냥 함수 포인터 이름을 함수명으로 사용하면 된다.

```
pf ( 100 );     // 함수 포인터로 함수 호출방법 #2
```

원칙대로 라면 첫 번째 호출 방법이 맞지만, 괄호와 * 연산자를 사용하는 것이 번거로우므로 예외적으로 간편하게 사용할 수 있는 두 번째 방법이 허용된다.

그렇다면 함수를 호출하는데 왜 군이 이렇게 어려운 표현을 써가면서 함수 포인터를 사용해야 할까 라는 의문이 들 것이다. 그것은 함수 포인터를 사용할 때 다양한 기법을 사용하여 프로그램을 구조화할 수 있기 때문이다. 가령 프로그램이 조건에 따라 여러 함수를 호출해야 한다고 하자. 이 경우 함수 포인터를 통해 조건에 따라서 함수를 바꿔가며 호출하는 코드를 작성할 수 있다.

```
// 함수 포인터 선언
int (*pf) ( int );
// 조건에 따라 호출할 함수를 결정함
if ( i == 1)
    pf = func1;
else if( i == 2)
    pf = func2;
else
    pf = func3;
// 함수를 호출함
r = pf ( 100 );
```

또 다른 예로 가령 여러분이 어떤 함수를 실행하는 중에 문제가 발생해서 어떤 문제가 발생했는지를 그 함수를 호출하는 측에 알려주어야 한다고 하자. 이런 때는 함수 포인터를 사용하여 좀 더 고급스럽게 코드를 구조화할 수 있다.

```cpp
// 에러를 처리하는 함수
void display(string msg)
{
    cout << msg << '\n';    // 에러 메시지를 표시한다.
}
// 에러를 처리하는 함수의 함수 포인터를 매개변수로 갖는 함수
void myfunc( void (*df) (string) )
{
    // 실행 중 에러가 발생하면 호출 측에 알려준다.
    df("에러가 발생했습니다!!!");
    // 실행을 계속한다.
}

int main( )
{
    // 에러를 처리하는 함수를 인수로 함수를 호출한다.
    myfunc( display );
    // ..
    return 0;
}
```

초급자는 위의 코드가 조금은 어렵게 느껴질 것이다. 그러나 위의 코드를 이해하여 함수 포인터를 잘 활용할 수 있다면 구조화된 고급스러운 코드를 작성할 수 있게 된다.

구조체

어떤 프로그램이든 정수나 실수, 문자열 등의
단순한 형식으로만 데이터를 표현할 수는 없다. 이번 장에서 살펴보게 될
주제가 데이터를 표현하는 방식으로써 구조체에 대해서 살펴본다.
특별히 구조체는 다음 장에서부터 본격적으로 살펴보게 될 클래스를 이해하는데
아주 중요한 밑거름을 제공하므로 잘 익혀두는 것이 좋다.

1. 구조체 structure

구조체structure란 다른 종류의 데이터 항목을 결합하여 하나의 단위로 정의한 데이터 타입이다. 이 데이터 타입은 정수나 실수, 문자와 같이 C++ 언어에서 제공하는 기본 데이터 타입primitive data type이 아닌, 개발자가 필요에 따라 정의한 사용자 정의 데이터 타입user-defined data type의 일종이다. 예를 들어 사원employee인 경우에 다음과 같은 데이터 항목을 포함할 수 있다.

- ▶ 이름name
- ▶ 전화번호phoneNo
- ▶ 우편번호postNo
- ▶ 주소address
- ▶ 이메일email

그리고 이들 데이터 항목을 결합하여 하나의 단위로 사원이란 새로운 데이터 타입을 만들어 사용할 수 있다.

2. 구조체 선언

구조체는 struct란 키워드를 사용하여 정의한다. 다음은 사원Employee이란 구조체를 선언한 예이다.

```
struct Employee {
    string name;         // 이름
    string phoneNo;      // 전화번호
    string postNo;       // 우편번호
    string address;      // 주소
    string email;        // 이메일
} ;
```

struct 키워드 다음에는 구조체 태그_{structure tag} 즉, 구조체 이름이 온다. 그리고 열린 중괄호 { 와 닫힌 중괄호 } 사이에 하나의 단위로 포함시킬 데이터 항목 즉, 멤버_{member}를 나열한다. 멤버를 표현하는 방법은 변수를 선언하는 것과 같다. 마지막으로 닫힌 중괄호 } 다음에 세미콜론 ; 을 붙이면 된다.

구조체에 포함되는 멤버의 데이터 타입에는 제한이 없다. 기본 데이터 타입은 물론이고 포인터, 배열, 또는 다른 구조체 데이터 타입도 멤버에 포함시킬 수 있다. 다음은 점을 나타내는 Point 구조체와 Point 구조체를 멤버로 포함하는 Rect 사격형 구조체를 정의한 예이다.

```
// Point 점 구조체
struct Point {
    int x;           // x 좌표
    int y;           // y 좌표
};
// Rect 사각형 구조체
struct Rect {
    int width;       // 가로 크기
    int height;      // 세로 크기
    Point point;     // 좌측 상단 위치
};
```

typedef 문을 사용하여 다음 예와 같이 구조체를 선언할 수도 있다.

```
typedef struct {
    string name;      // 이름
    string phoneNo;   // 전화번호
    string postNo;    // 우편번호
    string address;   // 주소
```

```
    string email;        // 이메일
} Employee;
```

이 구문은 특히 C 언어에서 유용하다. C 언어에서 typedef 문을 사용하지 않으면 구조체 변수를 선언할 때 일일이 struct 키워드를 지정해야만 하기 때문에 이런 번거로움을 없애기 위해 typedef 문을 사용하여 타입type을 정의 definition하는 것이 필요하다. 그러나 C++ 언어에서는 구조체 태그를 데이터 타입으로 사용할 수 있게 되었기 때문에 굳이 typedef 문을 사용할 필요가 없다.

구조체 사용

앞에서 설명한 바와 같이 구조체도 하나의 데이터 타입이므로 기본적인 데이터 타입의 데이터 변수를 선언하는 것과 같은 방법으로 구조체 데이터 변수를 정적으로 생성할 수 있다.

```
Employee emp;        // 사원 변수
Rect rect;           // 사각형 변수
```

new 연산자를 사용하여 구조체 데이터 타입을 동적으로 생성할 수도 있다.

```
Employee* ep = new Employee;
Rect* rp = new Rect;
```

만약 malloc()이나 calloc() 표준 함수를 사용하여 동적으로 생성하고 싶다면 다음과 같이 sizeof 연산자를 사용하여 구조체의 크기를 구한 값을 인수로 넘겨주는 코드를 작성하면 된다.

```
Employee* ep2 = (Employee*) malloc(sizeof(Employee));
Rect* rp2 = (Rect*) calloc(sizeof(Rect));
```

동적으로 구조체를 생성했다면 사용이 끝난 후에 delete 또는 free 표준 함수를 사용하여 삭제해야 한다.

```
delete ep;        // new 연산자로 동적으로 생성한 구조체 삭제
free(rp2);        // malloc 또는 calloc 표준 함수로 동적으로 생성한 구조체 삭제
```

구조체 데이터 변수를 정의한 후에는 구조체의 각 멤버에 접근하여 값을 저장하거나 저장된 값을 읽어와야 한다.

구조체 데이터 변수를 정적으로 생성한 경우에는 . 연산자를 사용하여 멤버에 접근한다. 다음과 같이 구조체 변수명 다음에 . 연산자를 붙이고 멤버 변수명을 지정하면 된다.

```
emp.name      // Employee 구조체의 name 멤버에 접근
rect.height    // Rect 구조체의 height 멤버에 접근
```

구조체 멤버가 구조체일 때는 같은 방법으로 . 연산자를 연속하여 붙이면 된다.

```
rect.point.x    // Rect 구조체의 Point 구조체 x 멤버에 접근
```

이 표현이 = 연산자 왼쪽에 오면 구조체 멤버에 값을 저장하는 것이 되고, 오른쪽에 오면 값을 읽는 것이 된다.

```
emp.name = "전병선";     // name 멤버에 값을 저장
strings = emp.name;      // name 멤버의 값을 읽음
```

구조체 데이터 변수를 new 연산자 등으로 동적으로 생성한 경우에는 ->연산자를 사용하여 멤버에 접근한다. 다음과 같이 구조체 변수명 다음에 -> 연산자를 붙이고 멤버 변수명을 지정하면 된다.

```
ep->name      // Employee 구조체의 name 멤버에 접근
rp->height     // Rect 구조체의 height 멤버에 접근
```

구조체 멤버가 구조체일 때는 같은 방법으로 . 또는 ->연산자를 사용한다. Rect 구조체의 point 멤버의 경우에는 정적으로 생성되기 때문에 . 연산자를 사용해야 한다.

```
rp->point.x      // Rect 구조체의 Point 구조체 x 멤버에 접근
```

이 표현이 = 연산자 왼쪽에 오면 구조체 멤버에 값을 저장하는 것이 되고, 오른쪽에 오면 값을 읽는 것이 된다.

```
ep->name = "전병선";      // name 멤버에 값을 저장
string s = ep->name;      // name 멤버의 값을 읽음
```

정적으로 생성되는 구조체는 구조체 변수를 선언할 때 다음과 같이 중괄호 안에 값을 지정하여 초기화시킬 수 있다.

```
Employee emp = { "전병선", "111-1111", "222-222",
                 "서울특별시", "bsjun@ensoa.co.kr" };
Rect rect = { 10, 20, { 1, 2 } };
```

위의 코드에서 emp 구조체 변수의 name 멤버는 "전병선", phoneNo 멤버는 "111-1111", postNo 멤버는 "222-222", address 멤버는 "서울특별시", email 멤버는 "bsjun@ensoa.co.kr" 값으로 초기화된다. 또한 rect 구조체 변수는 height 멤버에 10, width 멤버에 20 그리고 point 멤버의 x 멤버에는 1, y 멤버에 2로 초기화되는 값을 가진다. point 구조체 멤버의 초기값을 특별히 중괄호를 감쌀 필요는 없다. 그러나 중괄호를 사용하여 구조체 멤버의 초기값이란 것을 명시하는 것이 코드를 읽는 데 도움이 된다.

3. 구조체 대입

구조체 데이터 타입도 = 연산에 참여할 수 있다. 다시 말하면 구조체 변수를 다른 구조체 변수에 대입하여 저장할 수 있다는 말이다.

```
Rectrect2;
rect2 = rect;      // rect를 rect2에 대입
```

구조체를 대입하면 멤버 대 멤버로 치환된다. 따라서 위의 코드는 다음 코드와 같은 결과를 나타낸다.

```
rect2.height = rect.height;
rect2.width = rect.width;
rect2.point.x = rect.point.x;
rect2.point.y = rect.point.y;
```

이때의 주의해야 할 점은 구조체 멤버로 포인터를 포함하는 경우이다. 포인터에 대입 연산자를 사용하면 포인터가 가리키는 주소값이 저장되므로 원래 포인터가 가리키는 주소에 저장된 데이터가 쓰레기가 되어 메모리 누수 현상이 발생하게 된다. 이러한 현상은 동적으로 생성된 구조체 즉, 구조체 포인터에 대해서도 마찬가지다.

```
Rect* rp = new Rect;
Rect* rp2 = new Rect;
rp2 = rp;       // rp 구조체 포인터를 rp2 구조체 포인터에 대입
delete rp2;     // rp 구조체 포인터가 가리키는 주소의 구조체가 삭제됨
                // 원래 rp2 구조체 포인터가 가리키는 주소의 구조체는 쓰레기가 됨
delete rp;      // 같은 rp 구조체 포인터가 가리키는 주소의 구조체를 삭제하려 함
```

포인터의 대입에 대한 자세한 사항은 '5. 포인터와 레퍼런스'를 참조하기 바란다.

클래스 기초

우리는 지금까지 주로 절차적 언어인 C 언어의 계승자로서의
C++ 언어의 기능에 대해 살펴보았다.
이제부터는 객체지향 언어로서 C++ 언어의 특징에 대해 살펴보게 된다.
이번 장에서는 객체지향 언어로서 C++가 제공하는
클래스의 기본 개념과 클래스선언 구문, 객체의 생성과 소멸 등
클래스에 대한 기초적인 사항에 대하여 살펴본다.
이에 앞서 클래스를 이해하는데 필수적인 객체지향의 기본 개념과
객체와 클래스, 그리고 추상적인 데이터 타입에 대해 살펴보기로 한다.

1. 객체지향 object orientation

C++ 언어는 객체지향 언어이다. 객체지향object orientation이란 객체object라는 개념을 중심으로 소프트웨어 시스템을 구축하는 것을 말한다. 그러니까 C++ 언어는 객체지향방식으로 소프트웨어 시스템을 구축할 수 있도록 기능을 제공하는 프로그래밍 언어가 된다.

일반적으로 소프트웨어 시스템은 복잡한 많은 업무 분야의 문제를 해결해야 한다. 하지만 우리는 한꺼번에 복잡한 모든 문제를 파악할 수도 없고 해결할 수도 없다. 따라서 우리가 이해할 수 있도록 작은 단위로 나누어서 해결하는 것이 필요하다. '나누어서 정복한다divide and conquer'는 소프트웨어 시스템을 개발할 때 아주 중요한 모토가 된다. C 언어와 같은 절차적 언어에서 소프트웨어 시스템을 나누는 단위는 모듈module 즉, 함수가 된다. 그러나 C++ 언어와 같이 객체지향을 지원하는 언어에서 그 단위는 객체object다. 객체지향에서는 소프트웨어 시스템이 여러 개의 객체로 구성된다고 생각한다. 각 객체는 독립적으로 고유한 기능과 서비스를 제공하며, 전체 소프트웨어 시스템을 구성하는 하나의 논리적인 구성 요소가 된다.

객체지향 개념은 업무 분야의 복잡성을 어떻게 효율적으로 관리할 수 있는 가를 해결하기 위해 등장하였으며, 다음과 같은 4가지 기본적인 원리에 기초하고 있다.

▶ 추상화 abstraction
▶ 캡슐화 encapsulation
▶ 모듈성 modularity
▶ 계층성 hierarchy

추상화abstraction란 중요하지 않은 자세한 사항은 감추고 가장 중요하고 필수적인 사항만 다룸으로써 복잡한 것들을 관리할 수 있게 하는 개념이다. 복잡한 업무를 효율적으로 관리하기 위해서는 중요하지 않은 세부 사항은 무시하고 꼭 필요하고 중요한 사항에 대해서만 집중하는 것이 필요하다. 그러나 무엇이 더 중요하고 필수적인지는 업무나 관점에 따라 달라질 수도 있다. 어떤 관점에서는 중요한 것이 다른 관점에서는 중요하지 않은 것일 수도 있다.

캡슐화encapsulation란 구현 방법에 대한 자세한 사항을 블랙 박스black box 내부에 감추고 외부에 노출된 인터페이스interface를 통해서만 사용할 수 있게 하는 개념이다. 이것은 마치 텔레비전의 내부를 뜯어보지 않아도 리모컨을 통해 텔레비전을 사용할 수 있는 것과 같다. 또는 자동차가 어떻게 작동하는지 알지 못해도 액셀러레이터나 브레이크, 스티어링 등과 같이 자동차에 제공해 주는 장치를 사용하여 자동차를 움직이는 것과 같다. 캡슐화를 데이터 감추기data hiding라고도 한다. 캡슐화를 통하여 내부 데이터의 구조나 구현 방법이 감추어짐으로써, 인터페이스를 변경시키지 않는 한 사용자의 행위를 변경시키지 않고 내부 데이터 구조나 구현 방법을 자유롭게 변경시킬 수 있게 된다. 이 개념은 사용자의 요구 사항이 변경되었을 때 변경 내용을 최소한으로 할 수 있는 이점을 갖게 한다.

모듈성modularity은 크고 복잡한 것을 좀 더 작고 관리할 수 있는 조각으로 나누어 이들 조각을 독립적으로 개발할 수 있게 함으로써 복잡성을 다룰 수 있게 하는 개념이다.

계층성hierarchy은 추상화의 등급이나 순서를 계층적인 구조로 배열하는 것을 말한다. 일반적으로 보편적인 추상화를 상위에 두고, 변형되거나 특수한 것을 하위에 두게 된다.

2. 객체object

객체지향 개념에서 가장 중요한 것은 객체object이다. 객체의 사전적인 의미는 '보거나 만질 수 있는 사물' 즉, '공간을 차지하고 있는 물질적인 사물'이다. 다시 말해 객체란 자동차, 컴퓨터, 전화기, 책 등과 같이, 우리 주위에서 손쉽게 접할 수 있는 모든 사물을 가리키는 말이다.

하지만 객체지향 개념에서 이러한 물리적인 사물만이 객체는 아니다. 개념적인 것도 객체에 포함될 수 있다. 또한, 이러한 실체는 한계와 의미가 명확해야 한다. 따라서 좀 더 형식적으로 말한다면, 객체란 애플리케이션에서 명확한 한계와 의미가 있는 사물이나 개념 또는 추상화라고 정의할 수 있다.

이러한 객체는 다음과 같은 세 가지 특징을 갖고 있다.

▶ 특성attribute
▶ 행위behavior
▶ 정체성identity

간단히 설명하면 객체의 특성attribute이란 해당 객체에 저장된 정보를 말하며, 행위behavior는 해당 객체가 행동하거나 반응하는 방법을 결정한다. 정체성identity이란 해당 객체를 다른 객체와 구별 짓게 하는 식별 값이다. 이러한 특성과 행위, 정체성은 하나의 단위로서 객체를 구성한다.

도로 위를 달리는 자동차를 하나의 예로 생각해보자. 일반적인 승용차라면 차체, 엔진, 스티어링, 변속기, 바퀴 등등의 많은 부품으로 구성되어 있으며, 이들은 각각 고유한 속성을 가진다. 가령, 진주색 차체, DOHC 엔진, 파워 스티어링, 자동 변속기, 4개의 바퀴 등의 속성property을 가진 승용차를 생각해 볼 수 있다. 이러한 속성을 특성attribute 또는 상태state라고 한다. C++ 언어에서는 데이터 멤버data member 안에 해당 객체의 특성값을 저장한다.

하지만 자동차가 특성 만으로 구성된 것은 아니다. 자동차의 목적이 그 안에 타고 있는 사람이나 실려있는 물건을 다른 장소로 이동시켜주는 것이라고 한다면, 자동차를 구성하고 있는 부품을 움직이는 방법이 필요할 것이다. 자동차의 경우에 우리는 이것을 간단히 운전이라고 한다. 예를 들어 '좌회전하다'는 스티어링을 왼쪽으로 돌리는 행위를 말하며, 반대로 '우회전하다'는 스티어링을 오른쪽으로 돌리는 행위다. 이외에도 '출발하다', '정지하다', '후진하다', '가속하다', '감속하다' 등등의 운전 방법이 있다. 이들 운전 방법을 행위behavior라고 하며, C++ 언어에서는 멤버 함수member function에 해당 객체의 행위 방법을 정의한다.

자동차가 처음 공장에서 출고될 때는 모두 비슷하게 보이기 때문에 구별하기 힘든 때도 있을 수 있다. 그러나 각각의 자동차는 적어도 서로 다른 위치에 있기 때문에 다른 자동차와 분명하게 구별된다. 조금의 시간이 지나면 차체의 색상이 변색될 수도 있고, 접촉 사고로 있는 차체의 변형 등으로 여러분은 손쉽게 내 차와 남의 차를 구별할 수 있게 된다. 이처럼 객체의 특성은 다른 객체와 구별 짓게 하지만, 특성 중에는 근본적으로 다른 객체와 구별 짓게 하는 것이 있다. 자동차의 경우에는 차량 번호가 그것이다. 가령 '서울 1 가 1111'이란 차량 번호는 누군가 불법으로 사용하지 않는다면 전 세계적으로 유일하며, 근본적으로 내 차를 남의 차와 식별되게 하는 고유한 특성이 된다. 이것을 정체성identity이라고 한다.

객체가 행위를 하기 위해서는 해당 객체에 행위를 시키는 상대 객체가 있어야 한다. 앞의 자동차에서 자동차 객체의 '좌회전하다'라고 하는 행위는 운전자가 스티어링을 왼쪽으로 돌림으로써, 자동차 바퀴를 왼쪽으로 꺾게 하여 자동차가 왼쪽으로 향하게 하는 것을 말한다. 이처럼 자동차가 '좌회전하다'라는 행위를 하기 위해서는, 자동차 객체에 대하여 '좌회전하라'는 명령을 보내는 상대 객체가 있어야 한다. 이 경우에는 '운전자'가 된다. 이처럼 상대 객체가 대상 객체에 명령을 하는 것을 객체지향 개념에서는 '메시지 보내기sending message'라고 한다. 우리말에서 작용하는 쪽을 주체(主體)라고 하는 데

대하여, 작용의 대상이 되는 쪽을 객체(客體)라고 하는 것을 생각하면 좀 더 쉽게 이해할 수 있다. 위의 자동차 예에서 메시지를 보내는 '운전자'는 메시지를 보내는 측 즉, 작용하는 주체가 되며, '자동차'는 작용의 대상이 되는 객체로서 메시지를 받아 작업을 수행하게 된다. C++ 언어에서는 객체의 멤버함수를 호출함으로써 해당 객체에 메시지를 보낼 수 있다.

3. 클래스 class

도로 위의 많은 자동차는 공통적인 특징을 갖고 있으며, 이들 특징에 따라 승용차, 승합차, 화물차 등의 그룹으로 분류할 수 있다. 이러한 그룹은 서로 유사한 특징과 행위를 하게 되며, 이것은 클래스로 표현된다. 클래스class란 '유사한 특징과 행위를 갖는 객체를 표현하는 모형 즉, 템플릿template'이다.

앞에서 자동차에 대해 생각해보자고 했을 때 이미 여러분은 자동자에 대한 어떤 생각 또는 이미지를 머릿속에 그리고 있었을 것이다. 자동차 객체가 차체, 엔진, 스티어링, 변속기, 바퀴 등의 특성과 출발하다, 정지하다, 좌회전하다, 우회전하다, 후진하다, 가속하다, 감속하다 등의 행위를 가진다고 생각한 것은 실제적인 사물을 관념적으로 머릿속에 그린 이미지 즉, 모형 또는 템플릿이 되는 것이다. 이러한 이미지나 관념을 표현한 것을 추상화abstraction라고 하며, 바로 객체의 추상화가 클래스이다.

자동차의 경우에는 진짜 클래스는 설계서가 된다. 자동차 설계서가 어떤 부품이 어디에 위치하는가, 어떻게 작동시키는가 하는 등의 사항을 정의한 것으로, 모든 지동치는 자동차 설게시에 정의된 형태를 가지며 작동시킬 수 있게 된다.

모든 객체는 클래스를 기반으로 생성된다. 이것은 마치 자동차가 자동차 설계서를 기반으로 생산되는 것과 마찬가지다. 객체를 클래스의 인스턴스 instance라고도 말한다. 다시 말하면, 클래스에 정의된 사항을 모두 충족하는 하나의 경우가 객체라는 것이다. 따라서 클래스는 객체를 생성하는 수단이 된다. 이러한 관점에서 보면, 자동차 설계서는 자동차 객체를 생성하는 수단이 되므로 클래스가 되는 셈이다. 건물의 설계도도 마찬가지다.

4. 추상적인 데이터 타입 abstract data type

클래스를 정의하는 것은 프로그래밍 관점에서는 새로운 데이터 타입을 정의하는 것과 같다. 클래스로 정의되는 데이터 타입을 추상적인 데이터 타입이라고 한다. 추상적인 데이터 타입 abstract data type이란 객체의 추상화로 표현되는 사용자 정의 데이터 user-defined data type이다. 우리는 '7. 구조체'에서 사용자 정의 데이터 타입은 int나 double, char와 같이 프로그래밍 언어에서 제공하는 기본 데이터 타입 primitive data type이 아닌, 개발자가 필요에 따라 정의한 데이터 타입이라고 하였으며, 구조체로 사용자 정의 데이터 타입을 정의하는 방법에 대하여 살펴보았다.

구조체를 지원하는 C 언어와 같은 절차적 언어 procedural language에서도 사용자 정의 데이터 타입을 정의할 수 있다. 예를 들어 날짜라는 데이터 타입을 구조체를 사용하여 다음과 같이 정의할 수 있다.

```
typedef struct {
    int year;      // 년
    int month;     // 월
    int day;       // 일
} Date;
```

이제 구조체로 정의된 Date 데이터 타입의 today란 변수를 다음과 같이 선언할 수 있다.

```
Date today;    // 오늘 날짜
```

그런데 구조체로 정의된 데이터 타입의 변수는 여러 가지 문제를 일으킬 수 있다. 먼저 today 변수에는 어떤 값이 저장되어 있을까? 만약 today가 전역 변수global variable로 선언되었다면 today.year, today.month, today.day 멤버에는 각각 0이 저장된다. 그리고 만약 지역 변수local variable로 선언되었다면 today.year, today.moth, today.day 멤버에는 차지하고 있던 메모리에 우연히 남아있는 값 즉, 쓰레기값이 저장되어 있을 것이다. 사실 전역 변수로 선언되어 0년 0월 0일로 표현되든, 지역 변수로 선언되어 쓰레기값으로 날짜가 표현되든 이렇게 표현된 날짜는 아무런 쓸모가 없게 된다. 그 안에 있는 값이 날짜 정보를 다루는 데 유효한 값이 저장되어 있을 것이라는 보장을 할 수 없기 때문이다. 따라서 today 변수를 날짜를 다루는 데 사용하기 위해서는 구조체 멤버에 특정한 값을 지정해야 한다.

```
today.year = 2012;    // 2012년
today.month = 2;      // 2월
today.day = 1;        // 1일
```

이제부터는 today 변수에 저장된 값을 유효한 날짜로써 제대로 사용할 수 있게 된다. 그러나 여기에서도 새로운 문제점이 발생한다. 만약 누군가 부주의하게 today.day에 31을 저장한다면 불행하게도 today 변수는 유효한 날짜로써 사용할 수 없게 된다. 2월 31일이란 날짜는 없기 때문이다. 그런데 구조체를 사용할 때는 이렇게 멤버에 유효하지 않은 값을 저장하는 것을 막을 방법이 없다. 구조체의 각 멤버에 유효한 값을 저장하는 일은 전적으로 프로그래머의 책임이 된다.

구조체로 정의된 사용자 정의 데이터 타입이 데이터 타입으로 사용될 수 있게 위에서는 int나 double과 같은 기본 데이터 타입처럼 연산할 수 있어야 한

다. 만약 today 변수에 내일을 표현하기 위해 하루를 증가시킨다는 의미로 1
을 더한다고 하자.

```
Date tommorow = today + 1;     // 하루를 더한다.
```

그러나 불행하게도 구조체로 정의된 데이터 타입으로는 이런 일을 할 수
없다.

이번에는 다른 경우를 살펴보자. Date 데이터형을 사용하여 프로그램을 작
성 중에, 메모리의 부족 등을 이유로 Date 구조체의 구조를 바꾸어야 할 필요
가 있다고 하자. 지금은 모두 6바이트를 사용하지만, 비트 필드$_{bit\ field}$ 타입으
로 바꾸면 2바이트면 충분하므로 3분의 1로 메모리 사용을 줄일 수 있다.

```
typedef struct {
    unsigned int year : 8;    /* 년 : 8비트 (0-255)*/
    unsigned int month : 4;   /* 월 : 4비트 (0-15)*/
    unsigned int day : 5;     /* 일 : 5비트 (0-31)*/
} Date;
```

이 경우에는 비트 필드형 타입에 맞도록 작성된 모든 프로그램 코드를 수정
해주어야 한다.

C 언어와 같은 절차적 언어에서 구조체를 사용하여 추상적인 데이터형을
사용하는데 발생하는 문제점을 정리하면 다음과 같다.

▶ 구조체의 각 멤버가 정확한 값을 가졌는지 보장할 수 없다.
▶ 구조체 변수에는 연산을 할 수 없다.
▶ 일단 프로그램에서 구조체 변수를 사용하고 있다면, 그 구조를 쉽게
   바꿀 수 없다.

이런 문제점을 해결하려면 객체지향 언어가 제공하는 클래스$_{class}$로 추상적
인 데이터 타입 즉, 사용자 정의 데이터 타입을 정의해야 한다.

참고로, C 언어의 구조체와 C++ 언어의 구조체는 다르다. C 언어의 구조체는 데이터 멤버만 포함할 수 있지만, C++ 언어의구조체는 클래스처럼 함수를 멤버로 포함시킬 수 있다. 다른 점은 디폴트 접근 지정자가 클래스는 private인 반면에 구조체는 public이라는 것뿐이다. 그러나 C++ 언어에서도 구조체는 데이터 멤버만 포함하도록 하여 클래스와 구별하여 사용하는 것이 일반적인 관습이다.

5. 클래스 선언

클래스는 클래스명 앞에 class라고 하는 키워드를 사용하여 선언한다.

```
class 클래스명 {
    // 멤버
};
```

C++ 언어에서 클래스는 일반적으로 .h 확장자를 갖는 헤더 파일header file에 선언한다. 예를 들어 바로 앞에서 예로 든 Date 구조체를 클래스로 선언하면 다음과 같다.

```
// Date.h 헤더 파일
class Date {

};
```

이러한 클래스 선언만으로는 아무런 의미가 없다. 클래스 안에는 해당 클래스의 기능을 구현하는 멤버들이 정의되어야 한다. 클래스는 다음과 같은 멤버를 포함한다.

▶ 생성자constructor

▶ 소멸자destructor

▶ 데이터 멤버data member

▶ 멤버 함수member function

이들 멤버가 모두 포함된 Date 클래스의 선언 예는 다음과 같다.

```
// date.h 헤더 파일
class Date{
public:
    Date( );                          // 생성자
    Date(int yy, int mm, int dd);     // 생성자
    ~Date( );                         // 소멸자
    // 멤버 함수
    void setDate(int yy = 2012, int mm = 1, int dd = 1);
    int getYear(void);
    int getMonth(void);
    int getDay(void);
    void displayDate(void);
private:
    // 데이터 멤버
    int year;
    int month;
    int day;
};
```

클래스 선언은 class 예약어로 시작한다. 구조체가 struct 예약어를 사용하는 대신에 클래스는 class 예약어를 사용한다. C++ 언어의 클래스는 객체지향의 추상화abstraction 개념을 지원하는 기능을 제공한다.

C 언어의 구조체는 데이터 멤버data member만 포함할 수 있지만, 클래스에는 멤버 함수member function를 포함할 수도 있다. 위의 Date 클래스 예에서 int 데이터 타입의 year, month, day는 데이터 멤버이고, setDate( ), getYear( ), getMonth( ), getDay( ), displayDate( ) 등이 Date 클래스의 멤버 함수다.

이러한 방식으로 클래스는 데이터 멤버와 멤버 함수를 하나의 단위로 포함하는 객체지향의 캡슐화encapsulation 개념을 지원한다.

클래스의 멤버 함수에는 생성자와 소멸자라는 특별한 일을 하는 함수가 있다. 나중에 자세히 설명되겠지만, 생성자constructor는 클래스의 인스턴스instance 즉, 객체object가 생성될 때 초기화하는 일을 담당하는 멤버 함수고, 소멸자destructor는 객체가 소멸될 때 뒤처리를 담당하는 멤버 함수다. 위의 Date 클래스에서 2개의 Date( ) 멤버 함수가 생성자고, ~Date( ) 멤버 함수가 소멸자이다.

6. 접근 지정자access specifier

접근 지정자access specifier는 해당 클래스의 인스턴스 즉, 객체의 멤비를 다른 외부 객체에서 접근하려고 할 때 접근이 허용되는지를 지정한다. 접근 지정자를 사용하는 목적은 객체 외부에서 접근할 수 있는 멤버와 접근할 수 없는 멤버를 구별하여 제공함으로써 추상화abstraction와 캡슐화encapsulation를 실현하기 위해서다.

접근 지정자로 사용되는 키워드에는 public, private, protected 등 3가지가 있다. 이 중 protected는 파생 클래스에서만 의미가 있으므로 '9. 상속성'에서 다루기로 하고, 여기에서는 public과 private에 대해서만 살펴보기로 한다.

public 접근 지정자는 멤버가 외부에 공개되어 있어 어디에서라도 멤버에 접근할 수 있게 한다. 클래스의 멤버 함수에서든, 클래스 외부의 함수에서든 상관이 없다. 일반적으로 멤버 함수에는 public 접근 지정자를 지정하여 객체의 외부와의 상호작용할 수 있게 한다. 따라서 클래스 내부에서만 사용되어 클래스 외부에서는 접근할 수 없는 멤버 함수에는 public 접근 지정자를 지정하지 않는다. public 접근 지정자를 지정하지 않은 멤버는 기본적으로 private 접근 지정자가 지정된 것과 같은 효과를 가진다.

private 접근 지정자는 멤버를 비공개로 지정하여 외부 객체에서 멤버에 접근할 수 없다는 것을 의미한다. private 접근 지정자가 사용된 멤버는 비공개 멤버로서 클래스 외부에서 절대로 접근할 수 없다. private 멤버에 접근할 수 있는 함수는 해당 클래스의 멤버 함수뿐이다.

이들 접근 지정자는 어떤 순서로 사용되어도 상관없으며, 다음 접근 지정자 또는 클래스 선언이 끝날 때까지 지정된 접근 지정자의 사용이 유효하다. 그러니까 Date 클래스의 예에서 public 키워드가 지정되어 private 키워드 나타날 때까지 그 사이에 포함된 생성자와 소멸자, 멤버 함수는 모두 공개 멤버public member가 되고, private 키워드 이후에서 클래스 선언이 끝날 때까지 그 사이에 포함된 데이터 멤버는 모두 비공개 멤버private member가 된다.

이처럼 클래스의 데이터 멤버를 비공개 멤버로 지정함으로써 객체지향의 캡슐화 개념에서 데이터 감추기data hiding를 구현한다. 이때 외부에서 간접적으로 비공개 데이터 멤버에 접근할 수 있게 하려면 공개 멤버인 get/set 멤버 함수를 제공하는 것이 좋다. get 멤버 함수는 비공개 데이터 멤버의 값을 읽는 기능을 제공하며, set 멤버 함수는 비공개 데이터 멤버에 데이터를 저장하는 기능을 제공한다. 이렇게 함으로써 클래스의 데이터 멤버가 유효한 값을 가질 수 있도록 보호하는 장치를 마련한다. Date 클래스에서는 공개 멤버인 setDate( ), getYear( ), getMonth( ), getDay( ) 멤버 함수가 get/set 멤버 함수로서 비공개 멤버인 year, month, day 데이터 멤버에 간접적으로 접근할 수 있도록 정의되어 있다. 따라서 Date 클래스의 모든 멤버 함수는 Date 클래스의 외부인 main 함수에서 접근할 수 있게 되며, Date 클래스의 모든 데이터 멤버는 private 속성으로 지정되었기 때문에 Date 클래스의 멤버 함수에서만 접근할 수 있게 된다.

7. 데이터 멤버 정의

클래스의 데이터 멤버를 정의하는 것은 구조체 멤버를 정의하는 것과 같다. 변수를 선언하는 것과 같은 구문을 사용하면 된다. 데이터 멤버의 데이터 타입에는 기본 데이터 타입은 물론이고 포인터, 배열, 또는 다른 클래스 타입도 포함시킬 수 있다. 다음은 Date 클래스에서 데이터 멤버를 정의한 예이다.

```
class Date{
    // 생략...
private:

    // 데이터 멤버
    int year;
    int month;
    int day;
};
```

일반적으로 데이터 멤버는 비공개private 멤버로 정의하는 것이 좋다. 이것은 클래스 내부의 데이터 구조를 외부에 노출시키지 않음으로써 다음과 같은 이점을 가져다준다.

▶ 데이터 유효성을 보장할 수 있다.
▶ 내부 데이터 구조를 쉽게 바꿀 수 있다.

구조체와 같이 외부에서 데이터에 자유롭게 접근할 수 있다면 클래스도 앞에서 살펴본 구조체의 문제점을 그대로 갖게 된다. 따라서 데이터 멤버를 비공개 멤버로 제한함으로써 데이터의 유효성을 보장할 수 있게 된다.

또한, 이것은 클래스를 사용하는 외부에 영향을 미치지 않고도 내부 데이터 구조를 쉽게 바꿀 수 있도록 한다. 그것은 클래스를 사용하는 외부에서 데이터에 접근하기 위해서는 공개public 멤버인 멤버 함수를 사용해야 하기 때문이다. 데이터 멤버는 멤버 함수를 통해서만 간접적으로 접근할 수 있기 때문에 클래스의 내부 데이터 구조를 변경해도 외부에 대하여 영향을 주지 않게 된다.

8. 멤버 함수 정의

클래스가 어떤 작업을 수행하기 위해서는 클래스에 멤버 함수를 정의해야 한다. 클래스의 멤버 함수를 정의하기 위해서는 먼저 멤버 함수를 선언해야 한다. 멤버 함수를 선언하는 방법은 접근 지정자를 지정하는 것을 제외하고는 함수의 원형prototype을 선언하는 것과 같다. 다음은 Date 클래스의 멤버 함수를 선언한 예이다.

```cpp
// date.h 헤더 파일
class Date{
public:
    // 생략...
    void setDate(int yy = 2012, int mm = 1, int dd = 1);
    int getYear(void);
    int getMonth(void);
    int getDay(void);
    void displayDate(void);
    // 생략...
};
```

클래스에 생성자와 소멸자를 포함한 모든 멤버 함수를 선언하였다면 이들 멤버 함수를 구현하여 클래스를 정의하여야 한다. 멤버 함수를 정의하는 구문은 함수를 정의하는 구문과 같다. 다만 멤버 함수가 해당 클래스에 속해 있다는 것을 명시하기 위해 클래스 이름 다음에 :: 연산자를 붙이고 다음에 멤버 함수 이름이 온다. :: 영역 결정 연산자scope resolution operator는:: 연산자 뒤에 오는 식별자가 :: 연산자 앞에 붙은 식별자의 영역에 포함된다는 것을 의미한다. 우리가 '6. 함수'에서 살펴본 바와 같이 :: 연산자 앞에 식별자가 없으면 전역global의 의미를 지닌다. 다음 코드는 Date 클래스의 setDate( ) 멤버 함수를 정의한 예이다.

```cpp
// date.cpp 소스 파일
int max(int x, int y);
int min(int x, int y);
void Date::setDate(int yy, int mm, int dd) {
    int days[ ] = {0, 31, 28, 31, 30, 31, 30,
                       31, 31, 30, 31, 30, 31};
    year = max(1990, yy);
    month = max(1, mm);
    month = min(month, 12);
    // 윤년 계산은 생략함
    day = max(1, dd);
    day = min(day, days[month]);
}
```

setDate( ) 멤버 함수에서는 매개변수로 넘어온 3개의 int 형의 값을 검사하여 Date 클래스의 객체가 안전하게 사용할 범주에 드는지를 검사한다. 위 코드는 year 값은 1990 이상이어야 하고, month는 1에서 12까지, day는 month에 따라 1에서 28, 30, 또는 31까지의 값만 사용할 수 있도록 한다. 이 범위를 벗어나는 매개변수 값은 철저히 걸러진다. 따라서 사용자가 부주의하게 잘못된 날짜 값을 매개변수로 멤버 함수를 호출한다 해도 데이터 멤버가 유효한 값만을 가질 수 있게 된다. 이처럼 클래스는 멤버 함수를 통해서 간접적으로 데이터 멤버에 접근하게 함으로써 유효한 값을 갖도록 보장하는 장치를 제공한다.

setDate( ) 멤버 함수에서 호출되는 min( ) , max( ) 함수는 전역 함수로써 다음과 같이 각각 최소값과 최대값을 반환하는 기능을 제공한다.

```
int max(int x, int y) {
    if(x > y)
            return x;
    return y;
}
int min(int x, int y) {
    if(x < y)
            return x;
    return y;
}
```

일반적으로 클래스의 멤버 함수는 .cpp 확장자를 갖는 파일에 정의하며, 다른 헤더 파일과 함께 클래스가 선언된 헤더 파일을 포함시켜야 한다. 다음은 Date 클래스의 멤버 함수를 정의한 예이다. 생성자와 소멸자를 구현한 코드는 잠시 후에 살펴보기로 한다.

```
// date.cpp 소스 파일
// 헤더 파일 포함
#include "date.h"
// 멤버 함수 구현 코드
void Date::setDate(int yy = 2012, int mm = 1, int dd = 1) {
    // 위의 코드 참조
}
int Date::getYear(void) {
    return year;
}
int Date::getMonth(void) {
    return month;
}
int Date::getDay(void) {
    return day;
}
void Date::displayDate(void) {
    cout << year << " - " << month << " - " << day << '\n';
}
```

이들 멤버 함수는 객체 외부에서 객체 안에 감추어진 데이터를 볼 수 있도록 하는데 사용된다. 객체 외부에서는 직접 객체 안에 저장된 데이터에 접근하지 않아도 이들 멤버 함수를 통해 값을 얻을 수 있게 된다.

getYear( ), getMonth( ), getDay( ), displayDate( ) 또는 setDate( )와 같은 멤버 함수를 일일이 구현하여 사용하는 것이 번거롭고 필요없는 것처럼 여겨질지 모른다. 차라리 구조체와 같이 year, month, day 데이터 멤버를 공개 멤버로 지정하여 직접 접근하는 것이 편하다고 생각할지 모른다. 그러나 멤버 함수를 사용하는 것이 다음과 같은 이점을 얻을 수 있다.

▶ 멤버 함수를 사용하면 데이터 멤버에 잘못된 데이터가 들어있지 않다는 것을 보장할 수 있다.
▶ 멤버 함수를 사용하면 클래스의 데이터 구조를 쉽게 변경할 수 있다. 부득이 클래스의 데이터 구조를 변경해야 할 때, 해당 클래스를 사용하는 프로그램을 변경시키지 않고서도 손쉽게 클래스의 데이터 구조를 변경시킬 수 있다.
▶ 공개 멤버 함수를 사용하여 비공개 데이터 멤버에 접근하게 함으로써 캡슐화encapsulation의 데이터 감추기data hiding를 구현할 수 있다.
▶ 연산자 오버로딩operator overloading을 통해 객체에 연산 기능을 부여할 수 있다.

이들 이점 중에서 캡슐화의 데이터 감추기 구현은 잠시 후에 살펴보고, 연산자 오버로딩에 대해서는 '11. 클래스 고급'에서 살펴보기로 한다.

참고로 클래스에서 멤버 함수를 선언과 동시에 구현 코드를 작성하여 정의할 수 있다. 그러나 멤버 함수의 선언과 정의를 분리하는 것이 더 바람직하다.

```
// date.h 헤더 파일
class Date {
```

```
public:
    // 생략...
    int getYear(void) {
    return year;
    }
    int getMonth(void) {
        return month;
    }
    int getDay(void) {
        return day;
    }
    // 생략...
};
```

9. 인스턴스 생성과 생성자

클래스를 선언하는 일은 컴파일러에 새로운 데이터 타입을 사용하겠다고 알리는 것뿐이다. 따라서 클래스를 선언한다고 해서 메모리가 할당되는 것은 아니다. 단지, 컴파일러에 이러한 형태의 새로운 데이터 타입을 생성하여 사용하겠다는 정보만을 줄 뿐이다. 메모리가 할당되는 시점은 클래스의 변수를 정의할 때다. 이러한 클래스의 변수를 인스턴스$_{instance}$ 즉, 객체$_{object}$라고 하며, 객체가 정의될 때 비로소 메모리에 그만큼의 영역이 할당된다.

```
Date currentDate;
```

위의 코드는 Date 클래스 타입의 인스턴스인 currentDate란 객체를 정의하고 있다. 또는 new 연산자를 사용하여 동적으로 인스턴스를 생성할 수 있다. new 연산자의 사용에 대해서는 이미 '5. 포인터와 레퍼런스'에서 설명하였으므로 참고하기 바란다.

```
Date *pCurrentDate = new Date;
```

이렇게 클래스의 인스턴스가 생성될 때 해당 클래스의 생성자가 호출된다.

생성자constructor란 클래스의 인스턴스 즉, 객체가 생성될 때마다 자동으로 호출되는 특별한 종류의 멤버 함수다. 생성자는 객체가 메모리 블록에 할당될 때, 적절한 값을 갖도록 초기화하는데 사용된다. 생성자는 공개 멤버이며 클래스명과 같은 이름을 가져야 한다. 예를 들어 Date 클래스의 생성자는 Date라는 이름을 가진다.

```
// date.h 헤더 파일
public :
    Date( );
    Date(int yy, int mm, int dd);
```

생성자에는 반환 타입을 지정할 수 없다. void 조차도 안된다. void도 하나의 데이터 타입이기 때문이다. 따라서 당연한 얘기지만 생성자를 구현한 코드 블록에서 return 문을 사용할 수 없다. 생성자는 어떤 값을 반환하는 것이 아니라, 객체가 생성될 때 초기화하는 역할을 하기 때문이다.

```
// date.cpp 소스 파일
Date::Date( ) {
    year = 1990;
    month = 1;
    day = 1;
}
Date::Date(int yy, int mm, int dd) {
    setDate(yy, mm, dd);
}
```

위의 코드와 같이 하나의 클래스에 대하여 매개변수가 다른 여러 개의 생성자를 선언할 수 있다. 즉, 생성자도 함수이기 때문에 함수 오버로딩과 마찬가지로 생성자도 오버로딩overloading할 수 있다. 이것은 여러 가지 방법으로 객체를 초기화하고자 할 때 유용하다. 생성자가 여러 개 선언되어 있는 경우에 컴파일러는 해당 클래스의 인스턴스를 생성할 때 매개변수에 따라 적절한 생성자를 호출하게 된다. 특히 매개변수가 없는 생성자를 디폴트 생성자default constructor라고 하며, 매개변수 없이 인스턴스를 생성할 때 호출된다. 디폴트 생성자는 아주 기본적인 값으로 인스턴스를 초기화할 때 사용된다.

클래스에 어떠한 생성자도 제공하지 않을 때는 컴파일러가 자동으로 매개변수가 없는 디폴트 생성자를 제공해준다. 그러나 컴파일러가 제공하는 디폴트 생성자는 아무 일도 하지 않으므로 대개의 경우 부적절하다. 데이터 멤버를 초기화하지 않으므로 유효한 값이 들어있다고 보장할 수 없기 때문이다. 따라서 반드시 클래스에 생성자를 정의하는 것이 바람직하다.

위의 Date 클래스의 디폴트 생성자 Date()는 객체의 year, month, day 데이터 멤버를 각각 1990, 1, 1로 초기화하며 매개변수 없이 인스턴스를 생성할 때 자동으로 호출된다.

```
Date myDate;                // Date( ) 생성자 호출
```

또는 다음과 같이 동적으로 인스턴스를 생성할 때도 자동으로 호출된다.

```
Date *pMyDate = new Date;    // Date( ) 생성자 호출
```

생성자 오버로딩으로 정의된 매개변수가 3개인 생성자Date(int yy, int mm, int dd)는 3개의 매개변수를 지정하여 인스턴스를 생성할 때 자동으로 호출된다.

```
Date myDate(1800, 20, 90);   // Date(int yy, int mm, int dd) 생성자 호출
```

또는 다음과 같이 동적으로 인스턴스를 생성할 때도 자동으로 호출된다.

```
Date *pMyDate = new Date(1800, 20, 90);      // Date(int yy, int mm, int dd) 생성자 호출
```

이때, 생성자의 함수 코드에서는 다시 setDate( )라는 멤버 함수를 호출하여, 매개변수를 통해 전달된 값이 Date 클래스에 적절한지를 검사하여 적절한 값이 객체의 데이터 멤버에 저장되도록 한다. 위 코드에서는 부적절한 값이 매개변수로 넘어왔지만, myDate 객체의 year, month, day 데이터 멤버에는 1990, 12, 31 값이 저장된다.

생성자는 공개 속성을 갖지만, 객체 외부에서 명시적으로 호출할 수 없다. 다음과 같은 코드는 생성자를 명시적으로 호출하기 때문에 컴파일 때 에러가 발생한다.

```
Date date;
date.Date( );     // 에러!! 생성자 호출
```

10. : (콜론) 초기화

생성자에서 데이터 멤버를 초기화할 때 대입 연산자 대신에 : (콜론) 연산자를 사용할 수도 있다. : (콜론) 연산자를 사용하여 생성자를 다시 작성하면 다음과 같다.

```
// date.cpp 소스 파일
Date::Date( ) : year(1990), month(1), day(1) {
}
```

: (콜론) 연산자 다음에 초기화할 변수명이 오고, 괄호 안에 초기값을 지정한다. 초기값은 변수이어도 상관없다.

11. this 포인터

클래스의 멤버 함수가 호출되면 어느 인스턴스를 통해서 자신이 호출되었는지 알아야 할 필요가 있다. 이 정보가 바로 this 포인터다. this 포인터는 멤버 함수가 호출된 인스턴스를 가리키는 상수 포인터constant pointer다. 상수 포인터란 포인터의 값이 상수constant이어서 변경할 수 없는 포인터를 말한다. 그러니까 this 포인터는 컴파일러가 호출되는 인스턴스의 주소로 미리 초기화시켜 제공되는 포인터가 된다. 그리고 멤버 함수가 인스턴스의 데이터 멤버에 접근할 때마다 this 포인터를 사용하는 셈이 된다. 따라서 Date 클래스의 디폴트 생성자는 다음과 같이 this 포인터를 사용하는 것과 같다. this 포인터는 포인터이므로 ->연산자와 함께 사용되어야 한다.

```cpp
// date.cpp 소스 파일
Date::Date( ) {
    this->year = 1990;
    this->month = 1;
    this->day = 1;
}
```

Date 클래스의 3개 매개변수를 갖는 생성자는 다음 표현과 같다.

```cpp
// date.cpp 소스 파일
Date::Date(int yy, int mm, int dd) {
    this->setDate(yy, mm, dd);
}
```

굳이 위와 같이 this 포인터를 사용할 필요는 없지만, 다음과 같이 매개변수의 이름과 데이터 멤버의 이름이 같은 경우에 데이터 멤버를 참조하기 위해서는 this 포인터를 사용해야 한다.

```cpp
void Date::setDate(int year, int month, int day) {
    int days[ ] = {0, 31, 28, 31, 30, 31, 30,
```

```
                          31, 31, 30, 31, 30, 31};
    this->year = max(1990, year);
    this->month = max(1, month);
    this->month = min(this->month, 12);
    // 윤년 계산은 생략함
    this->day = max(1, day);
    this->day = min(this->day, days[month]);
}
```

---

12. 클래스 멤버 접근

클래스 외부에서 클래스의 멤버에 접근하기 위해서는 구조체나 구조체 포인터에서 멤버에 접근하는 방법과 같이 . 과 -> 연산자를 사용한다. 다음 코드는 앞에서 생성한 Date 클래스를 사용하는 예를 보여준다.

```
// main.cpp 소스 코드
#include "date.h"
int main(void)
{
    Date date1, date2(1800, 20, 90), date3;
    Date *pDate1 = new Date(2012, 8, 1);
    Date* pDate2;
    date1.setDate(2012, 2, 29);
    date1.displayDate( );
    date2.displayDate( );
    date3.displayDate( );
    pDate2 = &date3;
    pDate2->setDate(1960, 9, 9);
    pDate1->displayDate( );
    pDate2->displayDate( );
    delete pDate1;
    return 0;
}
```

위 코드에서, Date 클래스의 인스턴스 date1, date2, date3을 정의하고, Date 클래스의 인스턴스 포인터를 저장하는 pDate1, pDate2를 선언하고 있다. date1, date2, date3 인스턴스에 대해서는 다음과 같이 . 연산자를 사용하여 인스턴스의 멤버에 접근할 수 있다.

```
date1.setDate(2012, 2, 29);
date2.displayDate( );
date3.displayDate( );
```

인스턴스 포인터인 pDate1과 pDate2를 통해 멤버에 접근하기 위해서는 -〉 연산자를 사용한다.

```
pDate1-〉displayDate( );
pDate2-〉setDate(1960, 9, 9);
```

이처럼 . 또는 -〉 연산자를 사용하여 멤버 함수를 호출하는 것을 '메시지 보내기sending message'라고 한다.

위 코드에서는 각 객체 외부 main 함수에서, date2 객체와 pDate1이 가리키는 객체에 대해 displayDate( ) 함수를 호출하는 것은 이들 객체에 대해 '날짜를 표시하라'라는 메시지를 보내는 것이 된다. 그러면 해당 객체는 전달된 메시지에 대해 적절한 반응을 하게 된다.

13. 소멸자 destructor

소멸자destructor는 생성자에 대응되는 것으로, 클래스의 인스턴스가 메모리 블록에서 해제될 때 자동으로 호출되는 특별한 멤버 함수다. 소멸자는 인스턴스가 메모리 블록에서 해제되기 전에 필요한 여러 가지 뒤처리를 할 목적으로 사용된다.

소멸자는 생성자와 마찬가지로 공개 멤버이며 클래스명과 같은 이름을 가진다. 그러나 그 앞에 ~(tilde, 틸드)를 붙여 생성자와 구별한다. 예를 들어, Date 클래스의 소멸자는 ~Date라는 이름을 가진다.

```
// date.h 헤더 파일
publc :
    ~Date( );
```

소멸자를 선언할 때는 생성자와 마찬가지로 반환 타입을 지정할 수 없다. 생성자와 또 하나의 다른 점은 소멸자에 매개변수를 지정할 수 없다는 것이다. 따라서 클래스에는 하나의 소멸자만 지정할 수 있다. 따라서 소멸자는 오버로딩 할 수 없다. 공개 멤버인 소멸자는 클래스 외부에서 명시적으로 호출할 수 있지만, 인스턴스가 소멸될 때 자동으로 호출되게 하는 것이 바람직하다.

또한, 생성자와 마찬가지로 클래스에 소멸자도 정의하지 않을 때는 컴파일러가 자동으로 디폴트 소멸자default destructor를 제공해준다. 그러나 컴파일러가 제공하는 디폴트 소멸자는 아무 일도 하지 않으므로 대개 부적절하므로 소멸자도 정의하여 주는 것이 바람직하다.

```
// date.cpp 소스 파일
Date::~Date( ){
    // 소멸자 구현 코드 없음
}
```

Date 클래스 예제는 소멸자에서 특별히 할 일이 없으므로 빈 상태로 두었다. 그러나 생성자에서 클래스 멤버의 인스턴스를 동적으로 생성한 경우나 파일을 여는 등의 리소스를 사용하는 경우에는 소멸자에서 이들 인스턴스를 소멸시키고, 사용한 리소스를 해제하는 코드를 작성해야 한다. 다음 코드는 클래스 멤버의 인스턴스를 동적으로 생성하여 사용하는 경우의 예이다.

```
// test.h 헤더 파일
#include "myclass.h"
```

```
class Test {
public :
    Test ( );
    ~Test ( ) ;
private :
    MyClass * m_pMyClass;
};


// test.cpp 소스 코드 파일
#include "test.h"
Test::Test ( ) {
    m_pMyClass = new MyClass;       // 인스턴스 동적 생성
}
Test::~Test  ( ) {
    if (m_pMyClass != null)
        delete m_pMyClass;          // 생성된 인스턴스 삭제
}
```

　　new 연산자를 사용하여 동적으로 생성된 클래스의 인스턴스는 반드시 해
당 클래스의 포인터에 대하여 delete 연산자를 사용하여 소멸시켜야 한다. 이
때 해당 클래스의 소멸자가 자동으로 호출된다. 이때 delete 연산자를 사용
하기 전에 클래스 포인터가 null인지를 검사한 후에 null이 아닌 경우에만
delete 연산자를 사용하여 인스턴스를 소멸시키는 것이 바람직하다.

```
if (pDate1 != null)
delete pDate1;      // ~Date( ) 소멸자 호출
```


14. 인스턴스의 생성과 소멸

　　클래스 타입의 변수 즉, 객체는 기본데이터 타입의 변수와 같은 영역scope
을 가진다. 따라서 지역 변수일 때는 클래스 타입의 변수가 정의될 때 클래스

인스턴스가 생성되고 객체가 정의된 코드 블록이 끝날 때 인스턴스가 소멸된다. 반면에 전역 변수일 때는 프로그램이 시작하면서 클래스 인스턴스가 생성되어 프로그램이 끝날 때 인스턴스가 소멸된다.

그러나 동적으로 생성되는 클래스의 인스턴스는 new 연산자가 호출될 때 동적으로 생성되고 delete 연산자를 호출될 때 삭제된다.

상속성

'8. 클래스 기초'에서 객체지향의 계층성hierarchy은 추상화의 등급이나 순서를
계층적인 구조로 배열하는 것이라고 하였다. C++ 언어에서 2가지 기능을 통해 구현할 수 있다.
그 하나가 이번 장에서 살펴보게 될 상속성이고, 다른 하나가 '10. 다형성'에서 살펴보게 될 다형성이다.
이번 장에서는 상속성의 기본 개념에 대해 살펴보고,
C++ 언어에서 상속성을 구현하는 구문에 대해 살펴보기로 한다.
이번 장에서는 아주 간단한 인사 시스템을 개발한다고 가정하자.
이 회사에는 두 종류의 사원이 있다. 하나는 일반 사원이고, 다른 하는 임시 사원이다.
두 종류 사원의 차이점은 일반 사원이 고정급 즉, 월급을 받고,
임시 사원은 성과급 즉, 근무한 일자만큼의 급여를 받는다는 것이다.
이들 두 종류의 사원 모두에 공통으로 적용될 수 있는 사항은 이름과 주소, 그리고 입사 일자이다.
우리는 회사에 소속된 모든 종류의 사원에 대해 급여액을 계산해주어야 하고,
이들 사원에 대한 이름, 주소, 입사 일자 등과 함께 계산된 급여액 정보에 리스트를 보여주어야 한다.
이때, 작성되는 프로그램은 효율적이어야 하고, 또 쉽게 확장할 수 있어야 한다.
그것은 지금 현재는 일반 사원과 임시 사원 등 두 종류의 사원만 있게 되지만,
여기에 다른 종류 사원이 추가될 가능성이 다분히 많기 때문이다.
만약 영업 사원에게는 고정급 외에, 영업 실적에 따른 영업 수당을 추가로 지급해야 한다면,
우리는 영업 사원이란 또 다른 종류의 사원을 프로그램에 추가해야 하므로
쉽게 확장할 수 있어야 하는 것은 당연한 일이 된다.
이러한 목적에 맞는 프로그램을 작성하기 위해
어떤 방법을 사용할 수 있는지에 대해서 먼저 살펴보기로 하자.

1. 상속성inheritance

상속성inheritance이란 사람이 부모와 자식과 관계를 갖는 것처럼, 객체나 클래스가 부모와 자식과의 관계를 갖는 것을 말한다. 이러한 부모와 자식과의 관계는 트리 구조와 같은 계층적인 구조를 만들어낸다. 이때 부모 클래스parent class를 기초 클래스base class 또는 슈퍼 클래스super class라고 하며, 자식 클래스child class를 파생 클래스derived class 또는 서브 클래스sub class라고 한다. 이때 파생 클래스는 기초 클래스로부터 특성과 행위 그리고 기초 클래스의 관계까지도 모두 상속받게 된다.

우리가 어떤 사물을 설명할 때 "다른 것과 비교하여 어떤 점은 같고 이러한 면에서는 서로 다르다."라고 이야기할 수 있다. 우리가 개발해야 할 인사 시스템의 예에서 우리는 일반 사원과 임시 사원 사이의 공통점을 추려 내어 하나의 클래스로 정의할 수 있다. 우리는 이 클래스를 사원 클래스라고 정의하기로 하자. 이 사원 클래스에는 사원명, 주소, 전화번호, 입사 일자 등의 공통적인 데이터 멤버가 정의될 것이다. 일반 사원과 임시 사원은 이러한 공통적인 데이터 멤버를 같이 포함하고 있지만, 급여를 계산하는 방법이 다르다는 점에서 서로 고유한 데이터 멤버가 추가로 필요하게 된다. 따라서 일반 사원 클래스는 고정급을 받으므로 급여액이라고 하는 데이터 멤버만 추가로 필요하지만, 임시 사원 클래스는 근무한 일자만큼의 성과급을 받으므로 일당 급여액과 근무 일수라는 두 개의 데이터 멤버가 추가로 필요하게 된다.

따라서 이들 클래스 사이에는 "A는 일종의 B이다."라는 공식이 성립되게 된다. 다시 말해 '일반 사원은 일종의 사원이다.', '임시 사원은 일종의 사원이다.'라는 말이 성립되는 것이다.

또한, 일반 사원 중에서도 영업 사원은 고정 급여 외에도 영업 실적에 따른 수당을 받는다고 하면, 영업 실적과 영업 수당률이라고 하는 좀 더 특수한 특성이 추가된 영업 사원 클래스를 정의할 수 있게 된다. 따라서 우리의 사원 시스템은 다음 그림과 같은 사원 클래스 계층도를 구성할 수 있게 된다.

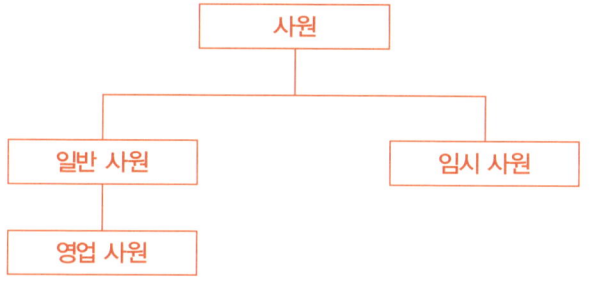

[그림 9.1] 사원 클래스 계층도

상속성을 구현할 때 다음과 같은 세 가지 이점을 가진다.

▶ 계층적인 명확성
▶ 코드 재사용성
▶ 확장성

우선 각 클래스 즉, 데이터 타입 사이에 계층적인 관계가 명확해진다는 것을 들 수 있다. 앞의 사원 클래스 계층도 그림에서 볼 수 있는 바와 같이, 각 클래스의 역할이 분명해지며 그들 사이의 관계를 명확하게 정의할 수 있다.

또한, 코드를 재사용할 수 있다는 장점이 있다. 앞에서 언급한 바와 같이 파생 클래스는 기초 클래스의 일종이기 때문에, 파생 클래스의 인스턴스는 자동으로 기초 클래스의 모든 멤버를 상속받아 가질 수 있게 된다. 따라서 공통되는 멤버를 한 번만 구현하면, 파생 클래스에서는 이들 멤버를 공유하기 때문에 또다시 코드를 작성할 필요가 없게 되는 것이다.

상속성의 또 다른 이점은 기존의 클래스를 손쉽게 확장하여 새로운 클래스를 정의할 수 있다는 것이다. 만약 기존의 클래스를 약간 수정하는 것 정도의 유사한 기능을 갖는 새로운 클래스가 필요하다면, 상속성은 그러한 클래스를 표현할 수 있는 아주 강력한 수단이 된다. 앞에서 우리는 기존의 일반 사원 클래스를 약간 수정하여 영업 사원 클래스를 정의하였다. 이처럼, 기존의 클래스에는 없는 멤버는 새로 정의하고, 기능 또는 의미가 변경되어야 하는 멤버는 단순히 재정의override함으로써 간단하게 새로운 클래스를 정의할 수 있게 된다.

2. 파생 클래스 정의

C++ 언어에서 기초 클래스로부터 파생되는 파생 클래스를 정의하는 구문은 다음과 같다.

```
class 파생클래스명 : public 기초클래스명 {
    // 멤버 함수와 데이터 멤버 정의
};
```

파생 클래스명 다음에 : (콜론)이 오고, 그다음에는 파생 유형, 다음에는 기초 클래스명이 온다. 파생 유형은 대부분의 클래스에서 95% 이상 public이 지정된다. 그냥 여러분은 : (콜론) 다음에 public 키워드가 지정된다고 생각해도 무방하다.

인사 시스템의 예에서 기초 클래스로서 사원 클래스는 다음과 같이 정의될 수 있다.

```
// employee.h 헤더 파일
// 사원 클래스
class Employee {
public :
    Employee(string name, string address,
                string telno, Date joindate);
    void displayEmployee( );    // 사원 정보 표시
private :
    string m_name;              // 사원명
    string m_address;           // 주소
    string m_telno;             // 전화번호
    Date m_joindate;            // 입사일
};
```

기초 클래스인 사원 클래스에서 파생되는 파생 클래스인 일반 사원 클래스는 다음과 같이 정의될 수 있다.

```
// employee.h 헤더 파일
// 일반 사원 클래스
class RegularEmployee : public Employee {
public :
    RegularEmployee(string name, string address,
                    string telno, Date joindate, double salary);
    double payCheck( );     // 급여 계산
private :
    double m_salary;        // 급여
};
```

파생 클래스의 인스턴스는 기초 클래스에 정의되어 있는 생성자와 소멸자를 제외한 모든 멤버를 상속받는다. 따라서 파생 클래스의 인스턴스에는 자신의 클래스와 기초 클래스에 선언된 모든 데이터 멤버의 복사본이 포함된다.

그러므로 우리의 사원 클래스 예에서 RegularEmployee 클래스의 인스턴스는 자신의 클래스의 데이터 멤버 m_salary뿐만 아니라, 기초 클래스인 Employee 클래스의 데이터 멤버 m_name, m_address, m_telno, m_joindate 데이터 멤버의 복사본이 포함된다.

3. 파생 클래스의 인스턴스 생성

파생 클래스의 인스턴스를 생성할 때 먼저 기초 클래스의 인스턴스 부분이 먼저 생성된다. 이때 만약 기초 클래스가 또 다른 기초 클래스의 파생 클래스이면 상위 기초 클래스의 인스턴스가 먼저 생성된다. 이렇게 하여 클래스 계층도의 가장 상위 클래스의 인스턴스 부분이 먼저 생성된 후에 클래스 계층도를 따라 내려오면서 클래스의 인스턴스가 생성된다.

따라서 파생 클래스의 생성자에서는 기초 클래스의 인스턴스가 생성될 때 다음 구문의 : (콜론) 초기화 형식으로 기초 클래스의 생성자에 필요한 초기화 정보를 넘겨주어야 한다.

파생클래스생성자명 (매개변수 목록) : 기초클래스생성자명 (인수 목록)

파생 클래스의 생성자 다음에 : (콜론)이 오고, 그 다음에 기초 클래스의 생성자가 온다. 다음에는 기초 클래스의 생성자의 매개변수에 전달할 인수가 오게 된다. 다음 코드는 RegularEmployee 파생 클래스의 생성자에서 Employee 기초 클래스를 초기화하는 예를 보여준다.

```cpp
// employee.cpp 소스 파일
RegularEmployee ::RegularEmployee (string name, string address,
                                string telno, Date joindate, double salary)
                    : Employee(name, address,telno, joindate),
                    m_salary (salary) {
}
```

이와 같은 과정으로 파생 클래스의 인스턴스가 생성된 후에는 이 인스턴스를 통하여 자신의 공개public 멤버는 물론이고 기초 클래스의 모든 공개 멤버에 접근할 수 있다.

```
Date joindate(2012,1,1);
RegularEmployee re("전병선", "서울시", "123-4567", joindate, 1000000000);
re.displayEmployee( );              // 기초 클래스 멤버 함수 호출
double salary = re.payCheck( );     // 파생 클래스 멤버 함수 호출
cout << "급여액" : << salary << "원" << '\n';
```

파생 클래스의 인스턴스를 동적으로 생성할 수도 있다.

```
RegularEmployee *pre = new RegularEmployee("전병선", "서울시", "123-4567",
                                           joindate, 1000000000);
pre->displayEmployee( );            // 기초 클래스 멤버 함수 호출
double salary = pre->payCheck( );   // 파생 클래스 멤버 함수 호출
```

파생 클래스의 인스턴스를 동적으로 생성하는 경우에는 파생 클래스의 인스턴스 포인터를 기초 클래스 포인터로 타입 변환casting한 후에 기초 클래스의 포인터를 통하여 기초 클래스의 공개 멤버에 접근할 수 있다.

```
Employee *pe = new RegularEmployee("전병선", "서울시", "123-4567",
                                   joindate, 1000000000);
pe->displayEmployee( );             // 기초 클래스 멤버 함수 호출
```

기초 클래스의 포인터를 통해서는 해당 인스턴스의 기초 클래스 멤버에만 접근할 수 있다는 것에 주의해야 한다.

4. 기초 클래스 멤버에의 접근

클래스 외부에서와 마찬가지로, 파생 클래스에서도 기초 클래스의 공개 public 멤버에는 접근할 수 있지만, 비공개private 멤버에는 접근할 수 없다. 한 가지 주의해야 할 사항은 파생 클래스에서 기초 클래스의 비공개 멤버에는

접근할 수 없다고 하는 것이 비공개 멤버를 상속받지 못하는 것을 의미하는 것은 아니라는 것이다.

예를 들어 한 가정에서 그 부모의 재산은 자식들에게 상속된다. 하지만 부모가 생존해 있는 동안 자식들은 부모의 재산에 직접 접근할 수 없다. 그렇다고 자식이 부모의 재산을 상속받지 않고 있는 것은 아니다. 자식은 부모에게 요청하면 조건이나 상황에 따라 그 일부를 사용할 수 있도록 할 것이다. 즉, 자식은 부모의 재산을 함부로 사용할 수는 없지만 이미 상속받아 가지고 있는 것이다. 따라서 자식이 부모의 재산을 사용할 수 있는 유일한 방법은 부모에게 요청하는 것이다. 이 예에서 부모의 재산이 비공개 멤버라면, 부모에 대한 요청은 공개 멤버가 되는 셈이다.

우리의 사원 클래스에서 Employee 클래스의 m_name, m_address, m_telno, m_joindate 등의 데이터 멤버는 비공개 멤버로 정의되어 있다. 따라서 파생 클래스인 RegularEmployee 클래스의 멤버 함수 안에서는 이들 데이터 멤버에 접근할 수 없다. RegularEmployee 클래스에서 이들 데이터 멤버에 접근할 수 있는 유일한 방법은 Employee 클래스의 displayEmployee 멤버 함수를 호출하는 것뿐이다. 다시 말해 부모에게 사원 정보를 표시해달라고 요청해야 한다.

경우에 따라서 부모는 외부에는 제공하지 않는 것을 자식에게는 허용하는 일도 있다. 예를 들어, 부모는 자식들이 마음대로 사용할 수 있도록 용돈 보관함에 돈을 넣어줄 수 있다. 이 경우에 용돈 보관함의 돈은 외부에서는 접근할 수 없지만, 자식은 마음대로 접근할 수 있어야 한다.

이처럼 클래스 외부에서는 기초 클래스의 멤버에는 접근할 수는 없지만, 파생 클래스에서는 자유롭게 접근할 수 있게 하려면 기초 클래스의 멤버를 보호protected 멤버로 지정할 수 있다.

이번에는 다음과 같이 영업 사원 클래스를 정의할 수 있다.

```
// employee.cpp 소스 파일
// 영업 사원 클래스
```

```
class SalesEmployee : public RegularEmployee {
public :
    double payCheck( );        // 급여 계산
    void setSales( );          // 영업 실적 저장
private :
    double m_sales;            // 영업 실적
    double m_commission;       // 영업 수당
};
```

영업 사원은 고정 급여 외에도 영업 실적에 따른 수당을 받으며, 따라서 월 고정 급여액에 영업 수당 즉, 영업 실적을 영업 수당률로 곱한 금액을 추가로 더한 금액이 총급여액이 된다.

그렇다면 SalesEmployee 클래스의 payCheck( ) 멤버 함수에서 총급여액을 계산하기 위해서는 기초 클래스인 RegularEmployee 클래스의 비공개 멤버인 m_salary 데이터 멤버에 저장된 값을 알 수 있어야 한다. 물론, RegularEmployee 클래스의 공개 멤버인 payCheck( ) 멤버 함수를 호출하여 급여액을 얻을 수는 있지만, 우리는 다음과 같이 m_salary 데이터 멤버를 보호protected 멤버로 지정하여 SalesEmployee 클래스에서 자유롭게 급여액을 읽을 수 있게 할 수 있다.

```
// 일반 사원 클래스
class RegularEmployee : public Employee {
    // 생략
    double payCheck( );    // 급여 계산
protected :
    double m_salary;       // 급여
};
```

이제 SalesEmployee 클래스의 payCheck( ) 멤버 함수는 다음과 같이 구현할 수 있다.

```
double SalesEmployee::payCheck( ) {
    return m_salary + (m_sales * m_commission);
}
```

이처럼 파생 클래스에서 기초 클래스의 공개 멤버와 보호 멤버에 직접 접근하여 마치 자신의 클래스 멤버인 것처럼 사용할 수 있다. 이 경우에 만약 기초 클래스 멤버의 이름과 파생 클래스 멤버의 이름이 같다면 :: 영역 결정 연산자를 사용하여 기초 클래스 영역에 있는 멤버라는 것을 명시해야 한다. 위의 예에서 SalesEmployee 클래스의 payCheck( ) 멤버 함수가 RegularEmployee 클래스의 m_salary 보호 데이터 멤버를 사용하는 대신에, 같은 이름의 payCheck( ) 멤버 함수를 사용하여 급여 계산을 한다면 다음과 같이 코드를 작성할 수 있다.

```
double SalesEmployee::payCheck( ) {
    return RegularEmployee::payCheck( ) + (m_sales * m_commission);
}
```

물론 RegularEmployee 클래스의 m_salary 보호 데이터 멤버를 사용한다는 것을 명시하기 위해 다음과 같이 :: 영역 결정 연산자를 사용할 수도 있다.

```
double SalesEmployee::payCheck( ) {
    return RegularEmployee::m_salary + (m_sales * m_commission);
}
```

5. 기초 클래스 멤버 함수 재정의 overriding

때로는 기초 클래스의 멤버 함수의 구현 방법이 파생 클래스에서 원하는 기능과 같지 않을 수도 있다. 이때 우리는 파생 클래스에서 기초 클래스의 멤버 함수를 재정의하여 기능을 변경시킬 수 있다. 이것을 기초 클래스 멤버 함수 재정의 overriding라고 한다.

우리는 앞의 급여 계산 payCheck( ) 멤버 함수를 통해서 이미 멤버 함수 재정의의 한 예를 보았다. 기초 클래스인 RegularEmployee 클래스와 파생 클래스인 SalesEmployee 클래스는 모두 급여 계산 기능을 제공하는 payCheck( )란 멤버 함수를 제공한다. 그러나 두 클래스의 급여 계산 방법은 서로 다르다. 따라서 파생 클래스인 SalesEmployee 클래스에서는 기초 클래스인 RegularEmployee 클래스의 payCheck( ) 멤버 함수를 재정의하여 급여 계산 방법을 재정의해야 한다.

```
// 영업 사원 클래스
class SalesEmployee : public RegularEmployee {
public :
    double payCheck( );    // 급여 계산
    // 생략...
};
```

6. 기초 클래스와 파생 클래스 사이 변환

파생 클래스의 객체는 기초 클래스의 객체의 '일종a kind of'이므로 기초 클래스의 모든 데이터 멤버와 멤버 함수를 포함하고, 거기에 파생 클래스에 고유한 데이터 멤버와 멤버 함수가 추가된다.

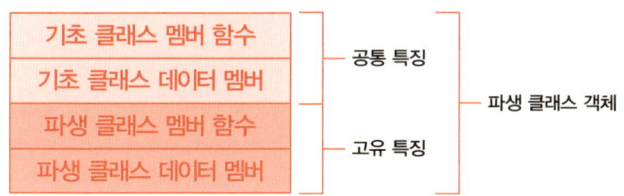

[그림 9.2] 파생 클래스 객체

기초 클래스의 인스턴스 포인터 또는 레퍼런스reference를 통하여 파생 클래스의 객체에 접근하는 것이 가능하다. 그것은 위의 그림에서 보는 바와 같이 파생 클래스의 객체는 기초 클래스 객체를 포함하고 있기 때문이다. 이것은 파생 클래스의 인스턴스 포인터 또는 레퍼런를 기초 클래스의 인스턴스 포인터 또는 레퍼런스로 변환이 쉽게 가능하다는 것을 의미한다. 이때, 기초 클래스의 인스턴스 포인터 또는 레퍼런스로 강제로 타입 변환을 할 필요가 없다.

파생 클래스의 객체 포인터를 기초 클래스의 객체 포인터로 변환할 때, 다음 그림과 같이 파생 클래스의 객체 포인터와 기초 클래스의 객체 포인터는 같은 주소를 가리키게 되므로, 기초 클래스의 객체 포인터를 통하여 파생 클래스의 객체에 접근할 수 있게 된다.

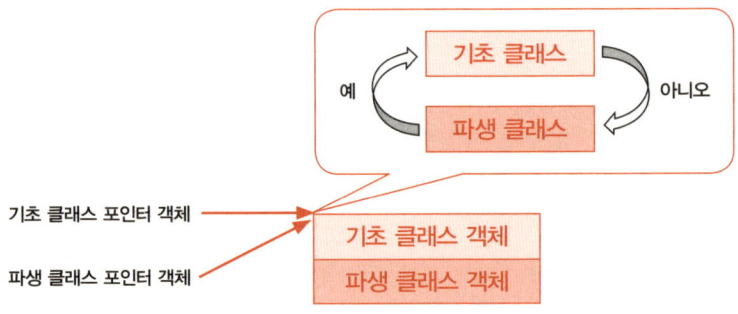

[그림 9.3] 기초 클래스와 파생 클래스 사이의 변환

이제, 각 종류의 사원들을 관리하는 부서 클래스를 생성하기로 하자. 이 부서 클래스는 사원들에 대한 정보를 관리하고, 저장된 사원 정보를 보여주는 일을 할 것이다. 이러한 부서 클래스의 이름을 Department라고 하자. 프로그램을 간단하게 하기 위해 이 부서에는 10명까지의 사원만을 관리할 수 있는 것으로 하겠다.

```
// department.h 헤더 파일
// 부서 클래스
```

```
class Department
{
public:
    Department( ) ;
    void addEmployee(Employee& emp);
    void display(void);
private:
    int headCount;
    Employee* employees[10];
};
```

Department 클래스는 최대 10명의 Employee클래스인스턴스 포인터를 저장하는 배열을 갖는 employees라는 private 데이터 멤버를 가지고 있다. 이제 이 배열에 각 Employee 클래스의 인스턴스 포인터를 저장하도록 Department 클래스의 addEmployee 멤버 함수를 다음과 같이 구현한다.

```
// department.cpp 소스 파일
void Department::addEmployee(Employee& emp) {
    if(headCount <10)
        employees[headCount++] = &emp;
}
```

이제 Department 클래스의 addEmployee( ) 멤버 함수를 호출하여 Employee 클래스의 인스턴스 포인터를 저장한다.

```
// main.cpp 소스 코드
int main ( ) {
    Date date1(2012, 8, 1), date2(2000, 8, 2);
    RegularEmployee regEmp("김일", "서울시", "123-4567", date1, 500000);
    SalesEmployee saleEmp("김삼", "인천시", "345-6789", date2, 200000, 0.2);
    saleEmp.setSales(30000);          // 영업 실적을 저장한다.

    Department dept;                  // 부서를 생성한다.
    dept.addEmployee(regEmp);         // 일반사원을 추가한다.
    dept.addEmployee(saleEmp);        // 영업사원을 추가한다.
}
```

Department 클래스의 display( ) 멤버 함수는 다음과 같이 employees 배열 데이터 멤버에 저장된 Employee 클래스 인스턴스 포인터를 통해 displayEmployee( ) 멤버 함수를 호출하는 코드를 구현하고 있다.

```cpp
// department.cpp 소스 파일
void Department::display(void) {
    for(int i=0; i<headCount; i++)
            employees[i]->displayEmployee( );
}
```

또한, Employee 클래스의 displayEmployee( ) 멤버 함수는 다음과 같이 Employee 클래스의 m_name, m_address, m_telno, m_joindate 데이터 멤버에 저장된 사원명과 주소, 전화번호, 입사일을 출력하도록 구현되어 있다.

```cpp
// employee.cpp 소스 파일
void Employee::displayEmployee(void) {
    cout << "사원명 : " <<m_name<< ","
         << "주소 : " <<m_address<< ","
         << "전화번호 : " <<m_telno<< ","
         << "입사일 : " <<m_joindate.displayDate( ) << '\n';
}
```

이제 main( ) 함수에서Department 클래스의 display( ) 함수를 호출하도록 하자.

```cpp
// main.cpp 소스 코드
int main ( ) {
    // 생략...
    Department dept;
    dept.addEmployee(regEmp);
    dept.addEmployee(saleEmp);

    dept.display( );    // 사원 정보를 출력한다.
    return 0;
}
```

이 코드의 실행 결과는 다음과 같다.

사원명 : 김일, 주소 : 서울시, 전화번호 : 123-4567, 입사일 : 2012-8-1
사원명 : 김이, 주소 : 부천시, 전화번호 : 234-5678, 입사일 : 2000-8-2

우리는 이 예제 프로그램에서 기초 클래스의 인스턴스 포인터를 통하여 파생 클래스의 객체에 접근할 수 있음을 알 수 있다. 이것은 새로운 파생 클래스가 추가된다고 해도 기초 클래스 자체의 코드를 수정할 필요가 없다는 것을 의미한다. 따라서 상속성을 활용할 때 우리는 코드 재사용의 이점을 얻게 된다.

7. 상속성의 한계

그러나 코드 재사용성의 이점을 주는 상속성도 그 자체로는 한계를 가진다. 그 한계점을 이해하기 위해 이번에는 각 사원 객체의 공통된 정보뿐만 아니라, 각 사원의 급여액까지 보여주는 프로그램을 작성해보자. 이것을 위해서는 먼저 Employee 클래스에 payCheck( ) 함수를 추가해야 한다.

```
// employee.h 헤더 파일
// 사원 클래스
class Employee {
public :
    Employee(string name, string address,
             string telno, Date joindate);
    void displayEmployee( );   // 사원 정보 표시
    double payCheck( );        // 사원 급여 계산
    // 생략...
};
```

Employee 클래스의 payCheck( ) 멤버 함수는 사원의 급여를 계산하는 방법을 모르기 때문에 그냥 0을 반환하도록 구현해야 한다. 그리고 파생 클래스인 RegularEmployee와 SalesEmployee 클래스에서 payCheck( ) 멤버 함수를 재정의overriding하여 실제 급여를 계산하도록 하면 된다.

```
double Employee::payCheck( ) {
    return 0;
}
```

이제 각 사원의 급여액을 알기 위해서는 payCheck( ) 멤버 함수를 사용하면 된다. 우리는 다음과 같이 Department 클래스의 display 멤버 함수에서 payCheck( ) 멤버 함수를 호출할 수 있다.

```
// department.cpp 소스 파일
void Department::display(void) {
    for(int i=0; i<headCount; i++)
        employees[i]->displayEmployee( );
        double pay = employees[i]->payCheck( );    // 급여액 계산
        cout << "급여액" : <<pay << '\n';
}
```

다시 프로그램을 실행시키면 아마도 여러분은 다음과 같은 실행 결과가 나올 것으로 기대하고 있을 것이다.

```
사원명 : 김일,  주소 : 서울시, 전화번호 : 123-4567, 입사일 : 2012-8-1
급여액 : 500000
사원명 : 김이,  주소 : 부천시, 전화번호 : 234-5678, 입사일 : 2000-8-2
급여액 : 206000
```

그러나 실제 급여액의 계산 결과는 다르다. 실제 실행 결과는 다음과 같다.

```
사원명 : 김일,  주소 : 서울시, 전화번호 : 123-4567, 입사일 : 2012-8-1
급여액 : 0.0
사원명 : 김이,  주소 : 부천시, 전화번호 : 234-5678, 입사일 : 2000-8-2
급여액 : 0.0
```

도대체 왜 이런 결과가 나오는 걸까? '프로그램이 잘못되었나?' 하고 열심히 코드를 살펴보아도 헛일이다. 여러분은 아마도 employee[0]->payCheck()가 실행될 때 RegularEmployee 클래스의 객체인 regEmp의 payCheck() 멤버 함수가 호출되어 500000을 반환할 것을 기대하고 있었을 것이다. 또한, employee[1]->payCheck()가 실행될 때 SalesEmployee 클래스의 객체 saleEmp의 payCheck() 멤버 함수가 호출되어 "200000 + (30000 * 0.2)" 즉 200600 값을 각각 반환할 것을 예상하고 있었을 것이다. 그래야 각 사원의 급여액이 제대로 계산되기 때문이다.

그러나 결과는 도무지 영 다르다. 사실 employee[i]->payCheck()가 실행될 때, 각 파생된 클래스의 객체의 payCheck() 멤버 함수가 호출되는 것이 아니라, employee 배열의 데이터형 즉, Employee 클래스의 payCheck 멤버 함수가 호출된다. 따라서 모든 사원 객체의 급여액이 모두 0으로 나타난다.

우리는 여기서, 기초 클래스의 포인터를 통하여 멤버 함수를 호출할 때 파생 클래스에 재정의_{overriding}된 멤버 함수가 호출되는 것이 아니라, 기초 클래스의 멤버 함수가 호출된다는 사실을 알 수 있다. 이러한 상속성의 단점을 해결하기 위해 다음 장에서 설명할 가상 함수_{virtual function}를 사용해야 한다.

다형성

우리는 '9. 상속성'에서 상속성의 이점과 함께 상속성의 한계에 대해서도 살펴보았다.
이번 장에서는 이러한 상속성의 한계를 극복하기 위하여
객체지향의 계층성hierarchy을 구현하는 또 다른 기능인 다형성에 대해 살펴보기로 한다.
이번 장에서는 다형성의 기본 개념에 대해 살펴보고,
C++ 언어에서 다형성을 지원하는 가상 함수를 구현하는 구문에 대해 살펴보기로 한다.
이와 함께 C++ 언어에서 다형성을 지원하기 위한 동적 바인딩, 가상 함수 테이블 메커니즘과
다형성을 지원하는 순수 가상 함수, 추상 클래스, 가상 소멸자 등의 C++ 구문에 대해 살펴본다.
그리고 마지막으로 가상 함수에 대한 찬반양론을 논의해 보기로 한다.

1. 다형성 polymorphism

다형성polymorphism이란 말 그대로 '여러 형태를 띠는 것'을 말한다. 객체지향 개념에서 다형성이란 '같은 메시지에 대해 객체가 서로 다르게 반응하는 것'으로 정의된다.

예를 들어 삼각형, 사각형, 원형 등을 클래스로 정의한다고 하자. 우리는 삼각형이란 원점과 세 개의 꼭짓점을 갖는 도형으로 정의할 수 있다. 마찬가지로 사각형을 원점과 좌측 상단 위치, 그리고 가로의 길이, 세로의 길이를 갖는 도형으로 정의하고, 원형을 원점과 반지름을 갖는 도형으로 각각 정의할 수 있다. 그리고 이들은 모두 자신의 도형 그림을 그리는 기능을 제공하는 draw( )라고 하는 멤버 함수를 제공한다. 그렇다면 이들에서 공통적인 요소 즉, 원점과 draw( ) 메서드를 포함하는 일반적인 도형을 나타내는 Geometry라고 하는 클래스를 정의한 후, 이 클래스에서 각각 삼각형을 나타내는 Triangle, 사각형을 나타내는 Rectangle, 원형을 나타내는 Circle 클래스를 파생시킬 수 있다.

먼저 도형 Geometry 클래스는 다음과 같이 정의될 수 있다.

```cpp
class Geometry {
public :
    Geometry(int x, int y);
    void draw( );
private :
    int x;        // x 좌표
    int y;        // y 좌표
};
```

삼각형 Triangle 클래스는 다음과 같이 정의한다.

```
class Triangle : public Geometry {
public :
    Triangle(int x, int y, int x1, int y1, int x2, int y2);
    void draw( );     // 삼각형을 그린다
private :
    int x1;            // 꼭짓점1 x 좌표
    int y1;            // 꼭짓점1 y 좌표
    int x2;            // 꼭짓점2 x 좌표
    int y2;            // 꼭짓점2 y 좌표
};
```

사각형 Rectangle 클래스는 다음과 같이 정의된다.

```
class Rectangle : public Geometry {
public :
    Rectangle(int x, int y, int width, int height);
    void draw( );   // 사각형을 그린다
private :
    int width;         // 넓이
    int height;        // 높이
};
```

원형 Circle 클래스는 다음과 같이 정의된다.

```
class Circle : public Geometry {
public :
    Circle(int x, int y, int radius);
    void draw( );     // 원형을 그린다
private :
    int radius;        // 반지름
};
```

이들 클래스에서 Geometry 클래스의 draw( ) 멤버 함수를 어떻게 구현할
것인가를 생각해보자. 만약 도형이 삼각형이라면 Geometry 클래스에서 상
속받은 원점(x, y 데이터 멤버)을 하나의 꼭짓점 좌표로 포함하여 자신의 클
래스에 정의된 2개의 꼭짓점 좌표값(x1, y1, x2, y2 데이터 멤버)을 가지고
삼각형을 그릴 수 있을 것이다. 마찬가지로 사각형일 때는 원점과 좌측 상단

좌표 위치(left, top 데이터 멤버), 그리고 가로와 세로의 길이(width, height 데이터 멤버) 정보를 가지고 사각형을 그릴 것이다. 물론 원형인 경우에도 원점과 반지름(radius 데이터 멤버)을 가지고 원형을 그릴 수 있다. 그러나 그저 도형이란 것을 어떻게 그려야 할까? 만약 Geometry 클래스의 인스턴스가 생성된다면 그것은 삼각형도 아니고, 사각형이나 원형도 아니다. 따라서 Geometry 클래스 인스턴스에 draw( ) 멤버 함수를 호출하여 그리게 할 방법이 없게 된다.

그렇다면 Geometry 클래스의 draw( ) 멤버 함수는 구체적인 구현 코드를 포함하기보다는 파생 클래스에서 재정의overriding하여 구체적인 구현 코드를 작성할 수 있도록 유도하는 것이 바람직하다. 이것을 위해 Geometry 클래스의 draw( ) 멤버 함수는 가상 함수virtual function로 정의되어야 한다. 잠시 후에 더 살펴보겠지만, 가상 함수는 virtual 키워드가 지정된 멤버 함수를 말한다.

```cpp
class Geometry {
public  :
    Geometry(int x, int y);
    virtual void draw( );      // 가상 함수
private :
    int x;                     // x 좌표
    int y;                     // y 좌표
};
```

이제 다음과 같이 이들 도형 클래스를 사용하는 코드를 작성하기로 한다.

```cpp
Triangle tri(10, 20, 11, 21, 12, 22);     // 삼각형
Rectangle rect(20, 30, 100, 200);     // 사격형
Circle cir(30, 40, 300);                 // 원형
Geometry* geos[3];
geos[0] = &tri;
geos[1] = &rect;
geos[2] = &cir;
```

```
for ( int i = 0; i < 3; ++i)
    geos[i]->draw( );              // 도형 그리기
```

위의 코드는 각각 삼각형, 사각형, 원형을 나타내는 Triangle, Rectangle, Circle 클래스의 객체를 생성하고 그 객체의 포인터를 Geometry 도형 클래스의 포인터 배열의 요소에 저장하였다. 그리고 Geometry 포인터를 통해 차례로 draw( ) 멤버 함수를 호출하고 있다.

이 코드의 실행 결과는 첫 번째 반복에서 geos[0]->draw( ) 멤버 함수의 호출 결과로 Triangle 클래스의 draw( ) 멤버 함수가 호출되어 삼각형을 그리게 된다. 그리고 두 번째 반복에서는 geos[1]->draw( ) 멤버 함수의 호출 결과로 Rectangle 클래스의 draw( ) 멤버 함수가 호출되어 사각형을 그리고 마지막으로 세 번째 반복에서는 geos[2]->draw( ) 멤버 함수의 호출 결과로 Circle 클래스의 draw( ) 멤버 함수가 호출되어 원형을 그리게 된다.

이것을 다형성이라고 한다. 도형 클래스의 예에서 draw( ) 멤버 함수 호출이란 같은 메시지에 대해 Triangle, Rectangle, Circle 클래스의 객체가 서로 다르게 반응하여 각 도형을 그리는 것을 의미한다. 이제 다형성을 지원하는 C++ 기능에 대해 좀 더 구체적으로 살펴보기로 하자.

2. 가상 함수 virtual function

가상적인virtual이란 사전적인 의미는 '실제로는 없지만 어떠한 효과를 나타내는 것'으로 풀이할 수 있다. C++에서 가상 함수virtual function란 파생 클래스에서 재정의overriding될 것으로 기대되는 멤버 함수다. 가상 함수는 일반 멤버 함수와는 달리 기초 클래스의 인스턴스 포인터를 통하여 가상 함수를 호출할 때 파생 클래스에서 재정의overriding된 멤버 함수가 호출된다.

가상 함수는 기초 클래스에서 선언된 멤버 함수 앞에 virtual이란 키워드를 사용하면 된다. 일단 기초 클래스에서 virtual 키워드로 가상 함수를 선언해 놓으면 파생 클래스에서 굳이 virtual이란 키워드를 다시 사용하지 않아도 재정의_{overriding}된 멤버 함수는 가상 함수가 된다.

이제는 '9. 상속성'의 사원 클래스에서 상속성의 한계 때문에 문제가 되었던 payCheck( ) 멤버 함수를 가상 함수로 수정해보자. Employee 클래스의 payCheck( ) 멤버 함수에 virtual 키워드를 지정하면 된다.

```cpp
// employee.h 헤더 파일
// 사원 클래스
class Employee {
public :
    Employee(string name, string address,
               string telno, Date joindate);
    void displayEmployee( );        // 사원 정보 표시
    virtual double payCheck( );     // 가상 함수
private :
    string m_name;                  // 사원명
    string m_address;               // 주소
    string m_telno;                 // 전화번호
    Date m_joindate;                // 입사일
};
```

Department 클래스의 display 멤버 함수에서 다음과 같이 Employee 포인터를 통해 payCheck( ) 멤버 함수를 호출한다.

```cpp
// department.cpp 소스 파일
void Department::display(void) {
    for(int i=0; i<headCount; i++)
        employees[i]->displayEmployee( );
        double pay = employees[i]->payCheck( );     // 급여액 계산
        cout << "급여액" : <<pay <<  '\n';
}
```

그리고 main( ) 함수에서는 Department 클래스의 display 멤버 함수를

호출하여 사원 정보를 출력한다.

```
dept.display( );    // 사원 정보를 출력한다.
```

다시 프로그램을 실행시키면 이제는 여러분이 기대하고 있던 결과가 나오고 상속성의 한계를 해결할 수 있게 된다.

```
사원명 : 김일,  주소 : 서울시, 전화번호 : 123-4567, 입사일 : 2012-8-1
급여액 : 500000
사원명 : 김이,  주소 : 부천시, 전화번호 : 234-5678, 입사일 : 2000-8-2
급여액 : 206000
```

3. 동적 바인딩 dynamic binding

일반적으로 함수를 호출할 때 컴파일러는 어떤 함수가 호출되는지, 그리고 그 함수가 메모리 상의 어떤 위치에 있는지도 정확히 알고 있다. 컴파일할 때 함수를 호출하는 코드는 고정된 함수의 주소로 번역된다. 이러한 것을 정적 바인딩static binding 또는 초기 바인딩early binding이라고 한다. 가상 함수가 아닌 멤버 함수는 이러한 정적 바인딩을 하게 된다.

그러나 가상 함수가 호출될 때, 컴파일러는 어떤 함수를 호출하는지 알 수 없게 된다. 예를 들어, employees[i]->payCheck( ) 코드가 Employee, RegularEmployee, SalesEmployee 중에 어떤 클래스의 payCheck( ) 멤버 함수를 호출하는 것인지 도무지 알 수 없다. 그것은 employees[i] 포인터 배열 변수에 저장된 객체의 포인터가 어떤 것인지 컴파일 시에는 알 수가 없기 때문이다. employees[i] 포인터 배열 변수에 저장된 값은 실행 시에 평가해야만 한다. 이러한 것을 동적 바인딩dynamic binding 또는 지연 바인딩late binding이라고 한다.

컴파일러가 컴파일 시점에서 어느 버전의 멤버 함수를 사용해야 할지 알 수 없을 때, 프로그램 자체가 실행 시에 함수 호출문을 평가하여 어떤 버전의 멤버 함수를 호출할지를 결정해야 한다. 따라서 객체 포인터를 통하여 함수를 호출함으로써 동적 바인딩을 사용하는 프로그램에서 호출되는 문장은 실행 시간에 평가된다.

동적 바인딩을 사용할 때의 이점 중의 하나가 지금까지 살펴본 바와 같이 각 클래스에 서로 다른 기능을 하는 함수를 개별적으로 작성하고 이 함수를 호출할 수 있다는 것이다. 이와 함께 이미 컴파일된 코드의 기능을 자유롭게 변경할 수 있다는 점을 들 수 있다. 즉, 다른 프로그래머가 작성한 클래스 라이브러리의 소스 코드를 수정하거나, 다시 컴파일하지 않고도 그 기능을 얼마든지 확장시킬 수 있게 된다.

그러나 virtual이 지정된 가상 함수라고 해서 모두 동적 바인딩을 하는 것은 아니다. 다음 코드와 같이 결합되는 데이터 타입이 분명할 때는 일반 함수와 마찬가지로 정적 바인딩을 하게 된다.

```
SalesEmployee se;
SalesEmployee * pse;
double pay;
pse = &se;
pay = se.payCheck( );        // 정적 바인딩
pay = pse->payCheck( );      // 정적 바인딩
```

동적 바인딩은 다음 예와 같이 기초 클래스의 포인터를 통하여 가상 함수가 호출될 때만 발생하게 된다.

```
Employee* pe;
SalesEmployeese;
double pay;
pse = &se;
pay = pse->payCheck( );      // 동적 바인딩
```

4. 가상 함수 테이블 virtual function table

C++에서 동적 바인딩은 가상 함수 테이블 virtual function table(줄여서 vtable)을 사용하여 구현된다. 가상 함수 테이블이란 가상 함수를 사용하는 모든 클래스에 대하여 컴파일러가 구축하는 함수 포인터 배열이다. 가상 함수를 사용하는 클래스는 모두 각각 하나씩의 가상 함수 테이블을 가진다.

예를 들어 다음과 같은 코드의 경우를 살펴보자.

```cpp
class A {
public:
    virtual void vf1(int);
    virtual void vf2(int);
    virtual void vf3(int);
private:
    int d1;
};

class B : public A {
public:
    virtual void vf2(int);
    virtual void vf4(int);
private:
    int d2;
};

class C : public B {
public:
    virtual void vf3(int);
    virtual void vf5(int);
private:
    int d3;
};
```

위의 코드에서, A, B, C 각각의 클래스는 다음과 같은 가상 함수 테이블을 가진다.

A 클래스 vtable
&A:vf1
&A:vf2
&A:vf3

B 클래스 vtable
&A:vf1
&B:vf2
&A:vf3
&A:vf4

C 클래스 vtable
&A:vf1
&B:vf2
&C:vf3
&B:vf4
&C:vf5

[그림 10.1] 가상 함수 테이블

가상 함수를 사용하는 클래스의 각 객체는 해당 클래스의 가상 함수 테이블의 주소를 저장하는 vptr이라는 감춰진 가상 함수 테이블 포인터 변수를 갖고 있다. 이 경우, C 클래스의 객체는 다음과 같은 구조를 가진다.

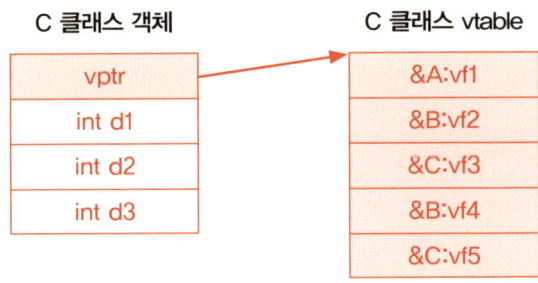

[그림 10.2] C 클래스 객체 구조

다음과 같이 C 클래스 객체가 간접적으로 호출될 때,

```
C c1;
A *ptrA = &c1;
ptrA->vf3(3);
```

컴파일러마다 구현 방법이 다르기는 하지만 일반적으로, 컴파일러는 내부적으로 다음과 같은 코드를 작성하게 된다.

```
(*(ptrA->vtable[2]))(ptrA, 3);    // 매개변수 ptrA = this
```

이때, 매개변수 안에 첫 번째 매개변수로 지정된 ptrA는 this 포인터를 나타낸다.

이처럼 C++ 언어에서는 가상 함수 테이블을 관리함으로써 객체지향의 다형성 개념을 지원하게 된다.

5. 추상 클래스 abstract class

다시 이 장의 처음으로 돌아가서 도형 클래스의 예를 생각해보자. 앞에서 Gemoetry 클래스의 draw() 멤버 함수를 구현할 방법이 없다고 하였다. 그런데도 구현 코드를 포함하고 있다는 것은 아무래도 석연치 않다. 또한 Geometry란 클래스가 다분히 개념적이라는 것이다. 실제로 도형이란 구체적인 객체가 아니다. 그렇다면 Geometry 클래스의 인스턴스는 생성될 수 없어야 한다.

앞에서 가상 함수로 지정한 Employee 클래스의 payCheck() 멤버 함수의 구현도 마찬가지다. payCheck() 멤버 함수는 0을 반환하지만 실제로는 아무런 일도 하지 않는다. 그리고 실제로 호출하기 위해 코드를 정의한 것도 아니다.

이 같은 경우에 Geometry 클래스의 draw() 가상 함수나 Employee 클래스의 payCheck() 가상 함수는 순수 가상 함수pure virtual function로 정의되어야 한다. 가상 함수를 순수 가상 함수로 정의하려면 다음과 같이 멤버 함수 원형 뒤에 '= 0'이라고 붙이면 된다.

```
// 사원 클래스
class Employee {
public :
```

```
Employee(string name, string address,
        string telno, Date joindate);
void displayEmployee( );          // 사원 정보 표시
virtual double payCheck( ) = 0;   // 순수 가상 함수
// 생략...
};
```

순수 가상 함수는 구현 코드를 정의할 필요가 없다. 순수한 가상 함수는 모든 파생 클래스에서 반드시 재정의overriding 되어야 하므로 굳이 함수의 코드를 구현할 필요가 없다. 순수 가상 함수는 다형성 인터페이스를 제공한다는 의미만 가질 뿐이며 실제로는 아무 일도 하지 않는다.

순수 가상 함수가 선언된 클래스는 인스턴스 즉, 객체를 생성시킬 수 없다. 위의 Employee 클래스는 순수 가상 함수 payCheck( )를 갖고 있기 때문에, Employee 클래스의 어떠한 객체도 생성할 수 없다. 이러한 클래스를 추상 클래스abstract class라고 한다. 반면에 객체를 생성할 수 있는 클래스를 구체 클래스concrete class라고 한다.

추상 클래스abstract class는 객체를 생성할 수는 없지만, 클래스 포인터 변수는 선언하여 사용할 수 있다. 또한, 추상 클래스로부터 파생된 클래스에서 순수 가상 함수를 재정의overriding하지 않으면, 그 파생 클래스도 추상 클래스가 되어 객체를 생성할 수 없게 된다.

6. 가상 소멸자 virtual destructor

기초 클래스의 포인터 변수를 사용하여 파생 클래스의 객체에 접근할 때 또 다른 문제점이 있다. 우선 다음과 같은 간단한 코드의 경우를 살펴보자.

```
class Base {
public:
    Base( ) { cout << "Base ::생성자\n"; }
    ~Base( ) { cout << "Base ::소멸자r\n"; }
};
class Derived : public Base {
public:
    Derived( ) { cout << "Derived :: 생성자\n"; }
    ~Derived( ) { cout << "Derived ::소멸자\n"; }
};
```

위 코드에서 Derived 클래스는 Base 클래스에서 파생된 파생 클래스다. 그리고 두 클래스에는 각각 생성자와 소멸자만 정의되어 있다. 이들 클래스를 사용하는 main( ) 함수는 다음과 같다.

```
int main(void)
{
    Base *ptrBase = new Derived;
    delete ptrBase;

    return 0;
}
```

main 함수에서는 new 연산자를 사용하여 Derived 파생 클래스의 객체를 동적으로 생성하고, 그 포인터를 Base 기초 클래스 포인터에 넘겨준다. 동적으로 생성된 Derived 파생 클래스의 객체가 더는 필요 없을 때, 우리는 Base 기초 클래스의 객체 포인터를 사용하여 delete 연산자로 소멸시킬 수 있다.

우리의 생각대로라면, delete ptrBase 문이 실행될 때 Derived 파생 클래스의 소멸자가 호출되어 동적으로 생성된 Derived 클래스의 객체가 소멸되어야 한다. 그러나 결과를 살펴보자.

```
Base :: 생성자
Derived :: 생성자
Base :: 소멸자
```

위 코드 결과의 첫 번째와 두 번째 행은 성공적으로 Derived 파생 클래스의 객체가 동적으로 생성되었음을 보여준다. 그러나 세 번째 행에서는 Base 기초 클래스의 객체만 소멸되고 있다. 왜, Derived 파생 클래스의 객체는 소멸되지 않는 것일까?

```
delete ptrbase;
```

문이 실행될 때, 여러분이 파생 클래스의 객체를 소멸시키기를 원한다는 것을 컴파일러는 알지 못한다. 사실상 delete 연산자는 오른쪽에 지정된 클래스에 대한 소멸자를 호출하는 일만을 한다. 따라서 ptrBase 는 Base 클래스 타입이므로 delete 연산자는 Base 클래스의 소멸자를 호출하게 된다.

이러한 문제점을 해결하기 위해서는 기초 클래스에 가상 소멸자virtual destructor를 선언하면 된다. 가상 소멸자로 선언하기 위해서는 소멸자 원형 앞에 virtual 키워드를 지정하면 된다. 이제 Base 기초 클래스에 가상 소멸자를 선언하여 코드를 작성해보기로 하자.

```cpp
class Base {
public:
    Base( ) { cout << "Base ::생성자\n"; }
    virtual ~Base( ) { cout << "Base ::소멸자r\n"; }
};
```

이제 코드의 실행 결과는 우리가 원하는 대로 나타나게 된다.

```
Base :: 생성자
Derived :: 생성자
Derived :: 소멸자
Base :: 소멸자
```

만약 클래스에 가상 함수가 있다면 그 클래스에서 파생되는 클래스의 객체는 다형성을 사용하기 위해 기초 클래스 포인터를 통하여 조작될 수 있도록

new 연산자를 사용하여 동적으로 생성될 수 있을 것이다. 따라서 가상 함수를 가진 클래스를 선언할 때는 가상 소멸자를 사용하는 것이 필요하다.

7. 가상 함수 찬반 양론

지금까지는 가상 함수의 효용성이라는 측면에서만 살펴보았다. 가상 함수를 사용할 때, 우리는 다형성이라는 메커니즘을 사용할 수 있다. 또한, 가상 함수는 동적 바인딩dynamic binding을 하므로 다형성과 함께 강력한 객체지향의 특징을 활용할 수 있게 된다. 그러나 가상 함수의 사용이 만능은 아니다.

기초 클래스에 가상 함수가 사용된다면, 기초 클래스는 물론, 그 클래스에서 파생되는 모든 클래스에서는 싫든 좋든 가상 함수 테이블을 갖고 있어야 한다. 또한, 이들 클래스 계층도를 구성하는 모든 클래스의 객체는 객체마다 하나의 가상 함수 테이블 포인터 변수를 갖고 있어야 한다. 이것은 메모리를 과도하게 사용하게 하는 원인이 된다. 이와 함께, 가상 함수는 가상 함수 테이블을 통하여 간접적으로 호출되기 때문에, 직접 해당 멤버 함수를 호출하는 것보다는 아무래도 시간이 좀 더 소요된다.

그러나 다른 객체지향 언어와 비교한다면 C++는 필요하지 않을 때 이러한 다형성의 과부하를 피할 수 있는 장치를 마련하고 있다. 즉, 클래스에 적어도 하나 이상의 멤버 함수가 virtual로 선언된 경우에만 가상 메커니즘virtual machanism이 작동되는 것이다. 따라서 가상 함수는 필요할 때만 적절하게 사용하는 것이 필요하다. 가상 함수를 사용할 때는 언제나 이와 같은 과부하가 있다는 사실을 염두에 두고서 클래스를 작성하는 것이 필요하다.

그러나 Java나 C#과 같이 현대 객체지향 언어로 발전하면서 시스템의 물리

적인 성능이 향상됨에 따라 가상 함수의 사용은 선택이 아닌 필수적인 기능
으로 자리 잡고 있다.

클래스 고급

지금까지 3개의 장에서 객체지향의 개념을
C++ 언어에서 어떻게 구현하는지에 대해서 살펴보았다.
이번 장에서는 C++ 언어에서 제공하는
클래스의 다양한 기능에 대해서 살펴보게 된다.
이들 기능은 C++ 프로그램을 작성하는 데 있어서
많이 사용되는 중요한 기능이므로 잘 익혀야 한다.

1. 네임스페이스 namespace

클래스 이름을 부여하는 일은 생각보다 쉽지 않다. 클래스 이름을 기억하기 쉽고 명확하게 표현할 수 있도록 부여해야 하며, 더욱이 같은 이름으로 충돌되지 않도록 해야만 한다. 그러나 프로그램이 크고 복잡해질수록 여러 사람이 함께 작업해야 하고 또한 외부에서 제공되는 라이브러리를 가져다 써야 하는 경우도 발생하기 때문에 클래스의 이름이 중복되어 충돌하는 경우가 발생한다.

네임스페이스namespace는 말 그대로 이름이 소속되어 있는 공간이란 뜻이다. 네임스페이스는 식별자의 이름을 일정한 영역 안에 그룹화시켜서 중복으로 충돌이 발생하지 않도록 영역을 구분하는데 사용된다. 따라서 같은 클래스명을 갖더라도 네임스페이스가 다르면 서로 다른 클래스로서 구별될 수 있다. 네임스페이스는 다음과 같은 구문을 가진다.

```
namespace 네임스페이스명 {
    // 네임스페이스 영역에 속해있는 타입 정의
}
```

네임스페이스 안에는 변수와 클래스, 구조체, 열거형이나 다른 네임스페이스가 포함될 수 있다.

```
namespace MyNameSpace {
    class MyClass {
        // 생략...
    };
}
```

다른 네임스페이스에 포함된 클래스에 접근하기 위해서는 클래스명 앞에 네임스페이스명을 지정하고 :: 영역 결정 연산자를 붙인다.

```
MyNameSpace::MyClass myclass;
```

또는 using 지시어를 사용하여 해당 네임스페이스를 사용할 것임을 선언한 후 네임스페이스를 지정하지 않고 해당 네임스페이스에 포함된 클래스에 접근할 수 있다.

```
using namespace MyNameSpace;
MyClass myclass;
```

같은 이름을 갖는 네임스페이스를 여러 번 나누어서 선언할 수 있다. 반드시 일괄적으로 네임스페이스를 선언해야 하는 것은 아니다.

```
namespace MyNameSpace {
    class MyClass1 {
        // 생략...
    };
}
// 생략...
namespace MyNameSpace {
    class MyClass2 {
        // 생략...
    };
}
```

위의 코드에서 MyNameSpace 네임스페이스 안에는 MyClass1과 MyClass2가 포함된다.

앞에서 언급한 바와 같이 네임스페이스는 영역을 구분하는데 사용되므로 같은 식별자 이름을 갖는다 하더라도 서로 다른 네임스페이스 안에 있다면 이들 식별자는 서로 구별될 수 있다.

```
namespace MyNameSpace1 {
    class MyClass {
        // 생략...
    };
}
namespace MyNameSpace2 {
    class MyClass {
```

```
        // 생략...
    };
}
```

위의 예에서 MyClass 클래스명이 MyNameSpace1과 MyNameSpace2 네임스페이스 안에 모두 포함되어 있지만 MyNameSpace1::MyClass와 MyNameSpace2::MyClass 클래스로 서로 구별된다. 따라서 이들 클래스는 다음과 같이 인스턴스를 생성할 수 있다.

```
MyNameSpace1::MyClass myclass1;
MyNameSpace2::MyClass myclass2;
```

2. 인라인 함수inline function

인라인 함수inline function는 프로그램의 코드 안에 컴파일된 함수의 코드가 삽입되는 함수를 말한다. 따라서 인라인 함수를 호출하면 그 위치에 인라인 함수의 코드가 복사되어 삽입된다. 인라인 함수는 '13. 예외 처리와 선행처리 기 지시어'에서 살펴보게 될 #define 문을 사용하는 매크로의 부작용side effect 을 없애주고, 일반 함수를 호출할 때 걸리는 부하를 없애주므로 실행 속도가 빨라지는 이점을 얻을 수 있다. 그러나 인라인 함수의 크기가 크고 여러 번 호출된다면 호출 때마다 그 위치에 커다란 함수의 코드의 복사본이 삽입되므로 실행 코드가 커지게 된다.

다음은 #define 문을 사용하는 매크로의 부작용의 예를 보여준다. 다음은 2개의 수 중에서 더 큰 수를 구하는 매크로와 매크로의 사용 예이다.

```
#define MAX(A,B) ((A) > (B) ? (A) : (B))
x = 23;
```

```
y = 45;
i = MAX(x++, y++);
```

위의 코드에서 매크로를 치환하면 다음 코드와 같다.

```
i = ((x++) > (y++) ? (x++) : (y++));
```

x와 y를 비교할 때 현재 x는 23이고 y는 45이므로 조건식은 거짓이 된다. 조건이 판별된 후 x와 y는 각각 1씩 증가하며 x와 y의 값은 각각 24와 46이 된다. 조건 판단 결과가 거짓이므로 (y++)을 반환한다. 이때 현재 y의 값은 46이므로 MAX 매크로는 46을 반환한다. 그다음에 y는 다시 1이 증가하여 y 값은 47이 된다. 그리고 (x++)는 참일 때만 실행하므로 조건이 실행되지 않으므로 그대로 24가 된다. 이렇게 매크로의 치환은 전혀 엉뚱한 결과를 가져오는 부작용을 일으킬 수 있다. 따라서 위 코드를 실행한 후의 변수의 값은 다음과 같다.

```
x = 24, y = 47, i = 46
```

다음은 위의 매크로와 같은 기능을 수행하는 인라인 함수와 사용 예이다. 인라인 함수는 함수 앞에 inline 키워드를 지정한다.

```
inline int max(int a, int b) {
    if(a > b)
            return a;
    return b;
}
x = 23;
y = 45;
i = max(x++, y++);
```

위의 코드에서 max( ) 인라인 함수는 45를 반환하고 x와 y 값을 하나씩 증가시켜 x는 24, y는 46이 된다. 따라서 max( ) 인라인 함수를 실행한 후의 변수의 값은 다음과 같다.

```
x = 24, y = 46, i = 45
```

일반적으로 멤버 함수는 .cpp 확장자를 갖는 소스 코드 파일에 정의된다. 그러나 .h 확장자를 갖는 헤더 파일에도 멤버 함수의 구현 코드를 정의할 수도 있다.

```
// 인라인 함수로 지정된 멤버 함수
class Date{
public::
    int getYear(void) { return year; }
    int getMonth(void) { return month; }
    int getDay(void) { return day; }
    // 생략..
};
```

위의 코드와 같이 클래스가 선언되었다면, inline 키워드를 사용하지 않았더라도 컴파일러는 자동으로 getYear, getMonth, getDay 함수를 인라인 함수inline function로 간주한다. 그러나 이 경우 정의된 함수 코드의 크기가 인라인 함수로 할 수 없을 정도로 크다면, 일반 멤버 함수와 같이 처리된다.

소스 코드 파일에 정의된 멤버 함수에 inline 키워드를 사용하면 그 멤버 함수 역시 인라인 함수가 된다. 이 경우에도 마찬가지로 함수 코드의 크기가 인라인 함수로 할 수 없을 정도로 크다면 inline 지정은 취소된다.

3. 상수 멤버 함수와 상수 객체

기본데이터 타입의 변수에 const 키워드를 사용하여 상수 변수constant variable를 정의할 수 있는 것처럼, 클래스의 멤버 함수와 객체에도 const 키워드를 사용하여 상수 멤버 함수constant member function와 상수 객체constant object
를 정의할 수 있다. const 키워드를 적절히 사용하면 컴파일러는 최적화된 코
드를 생성할 수 있으며, 엄격한 데이터 타입 검사를 할 수 있게 된다.

클래스를 선언할 때 멤버 함수에서 객체의 데이터 멤버를 변경시킬 수 없게
하려면 const 키워드를 사용할 수 있다.

```
class Date{
public: :
    int getYear(void) const;
    int getMonth(void) const;
    int getDay(void) const;
    void displayDate(void) const;
    // 생략...
};
```

Date 클래스에서 getYear( ), getMonth( ), getDay( ), displayDate( ) 멤
버 함수는 각각 상수 멤버 함수로 선언되어 있다. 위 코드의 예에서처럼 상수
멤버 함수를 만들려면 멤버 함수 선언 마지막에 const 키워드를 붙여주면 된
다. 이때 const 키워드는 멤버 함수를 정의할 때도 사용해야 한다.

```
int Date::getYear(void) const{
    return year;
}
```

const 키워드가 붙은 상수 멤버 함수는 객체의 데이터 멤버를 변경할 수 없
는 읽기 전용 함수가 된다. 또한, 상수 멤버 함수는 const로 지정되지 않은
다른 멤버 함수도 호출할 수 없다. 그것은 읽기 전용으로 지정된 상수 멤버
함수에서 const로 지정되지 않은 멤버 함수를 호출함으로써 간접적으로 객체
의 데이터를 변경시킬지도 모르는 가능성을 처음부터 배제하기 위해서다. 생
성자와 소멸자에는 const 키워드를 사용할 수 없다. 생성자와 소멸자는 항상
객체의 데이터를 변경시켜야 하기 때문이다.

객체에도 const 키워드를 사용하여 상수 객체로 만들 수 있다. 객체를 생성할 때 const 키워드를 사용하면, 그 객체는 상수로 취급되어 초기화된 데이터 외의 다른 데이터를 저장할 수 없게 된다.

```
const Date myBirthDay(1960, 9, 9);
```

상수 객체 myBirthDay가 생성될 때 매개변수에 따라 적절한 생성자가 호출되어 정확한 값을 갖고 있도록 해야만 한다. 일단 객체가 생성된 다음에는 상수 객체는 절대로 변경시킬 수 없기 때문이다. 따라서 다음과 같은 코드는 에러가 된다.

```
const Date constDate(1960, 9, 9), date1(1960, 12, 8);
constDate = date1;              // 에러!!
```

마찬가지로, 상수 객체에 대하여 const로 지정되지 않은 멤버 함수를 호출할 수 없다. const로 지정되지 않은 멤버 함수는 객체의 데이터를 변경시킬 수도 있기 때문이다. 따라서 다음과 같은 코드는 에러가 된다.

```
constDate.setDate(2012, 8, 1);     // 에러!!
```

따라서 상수 객체에 대해서는 상수 멤버 함수만 호출할 수 있다. Date 클래스에서 displayDate() 멤버 함수는 const가 지정된 상수 멤버 함수이므로 상수 객체인 constDate에서 호출할 수 있다.

```
constDate.displayDate( );
```

따라서 상수 객체를 생성해야 할 필요가 있는 클래스에서는 반드시 상수 멤버 함수를 지정해야 한다. 클래스 사용자는 객체를 생성한 후에 그 객체를 사용할 수 있어야 하는 것은 당연한 일이다. 만약 상수 멤버 함수를 지정하지 않았다면, 그 객체는 전혀 사용할 수 없게 된다.

4. 정적 멤버 static member

여러분이 은행의 예금 계좌를 의미하는 SavingsAccount라는 클래스를 작성한다고 하자. 우선 이 클래스에는 고객명과 고객의 예금 잔액을 저장할 데이터 멤버가 있어야 하며, 현재의 이자율에 따라 이자액을 계산하여 그 금액을 예금 잔액에 추가하는 멤버 함수도 있어야 한다. 이러한 클래스의 각 객체는 특정 고객의 예금 계좌를 나타내게 된다.

이때, 우리는 이자율을 어떻게 나타낼 것인가? 이자율은 수시로 변하기 때문에, 당연히 상수를 사용할 수 없다. 따라서 현재의 이자율을 저장할 변수가 필요하게 된다. 여기에서 몇 가지 선택을 할 수 있다. 우선, 이자율을 클래스의 데이터 멤버에 포함시키는 일이 가능하다. 그러나 이 경우에 각각의 객체에는 이자율을 저장하는 데이터 멤버를 갖게 된다. 하지만 모든 객체에서 같은 이자율을 사용하기 때문에, 똑같은 정보를 모든 객체에서 갖고 있다는 것은 메모리의 낭비가 된다. 또한, 이자율은 수시로 변하기 때문에, 이자율이 변할 때마다 모든 객체의 이자율을 수정해주어야 한다는 부담이 뒤따르게 된다. 따라서 클래스에 이자율을 나타내는 데이터 멤버를 지정하는 것은 매우 비효율적이고, 또한 객체마다 이자율이 달라질 위험성까지 안게 된다.

그렇다면, 이자율을 전역 변수에 저장하는 선택을 할 수가 있게 된다. 전역 변수에 이자율을 저장한다면, 클래스의 객체마다 이자율을 갖고 있어야 하는 불합리한 점은 없어진다. 그러나 여기서 새로운 문제가 발생한다. 전역 변수를 사용할 때는 예금 계좌 클래스의 객체에서뿐만 아니라, 그 외의 다른 함수에서도 이 변수에 접근할 수 있게 된다. 이 방법은 이자율이라는 중요한 데이터를 전역 변수에 둠으로써 어떤 함수에든 접근하여 데이터를 훼손시킬 수 있는 위험성을 안고 있다. 그리고 이것은 객체지향의 캡슐화 개념을 위배하는 일이 된다.

그렇다면 우리는 어떤 선택을 해야 할까? 우리가 원하는 것은 하나의 클래스에 속해 있는 객체들에서만 사용할 수 있는 일종의 클래스 범위의 전역 변수와 같은 성질을 갖는 데이터 멤버이다. 따라서 클래스에 속해 있는 모든 객체에서는 쉽게 접근할 수 있지만, 클래스 외부의 함수에서는 접근할 수 없어야 한다. 또한, 모든 객체는 단지 하나의 같은 데이터를 가져야 한다.

이 경우에 이자율을 저장하는 변수를 정적 데이터 멤버static data member로 지정할 수 있다. 정적 데이터 멤버는 정적 변수static variable와 마찬가지로 지역 변수와 전역 변수의 특징을 모두 가진다. 정적 데이터 멤버도 전역 변수와 마찬가지로 정적 데이터 영역 안에 저장되므로 프로그램이 실행 중에 계속하여 생명이 유지되며, 전체 프로그램에 대하여 단지 하나의 인스턴스만 갖게 된다. 변수가 선언된 함수나 블록 안에서만 접근하고 사용할 수 있는 지역 변수와 마찬가지로, 정적 멤버도 해당 클래스에만 국한되어 사용된다.

정적 데이터 멤버를 만들기 위해서는 데이터 멤버 선언 앞에 static 키워드를 사용하면 된다. 다음 코드는 은행 계좌를 나타내는 SavingsAccount 클래스를 선언한 예이다.

```cpp
// 은행 계좌 클래스
class SavingsAccount{
public:
    SavingsAccount( ) { }
    SavingsAccount(string name, double amount);
    void earnInterest( )
private:
    string name;
    double amount;
    static double currentRate;
};
```

클래스의 데이터 멤버가 static으로 선언되면 해당 클래스의 객체가 여러 개 생성된다고 하더라도 단 하나의 변수만 메모리에 할당된다. 정적 데이터 멤버도 클래스에 속해 있는 데이터 멤버이기 때문에 일반적인 다른 데이터 멤버와 같이 취급된다. 정적 데이터 멤버가 비공개로 지정되면 같은 클래스의 멤버 함수에서만 접근할 수 있게 된다. 따라서 클래스 외부의 함수에서는 정적 데이터 멤버에 접근할 수 없게 된다.

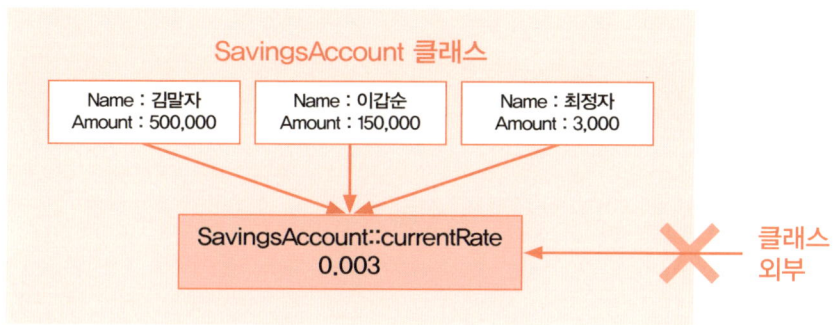

[그림 11.1] 정적 데이터 멤버를 갖는 클래스의 객체

일단 정적 데이터 멤버가 선언되면 프로그램이 시작하면서 전역 변수와 마찬가지로 정적 데이터 멤버에 대해 메모리를 할당하게 된다. 따라서 정적 데이터 멤버는 그 클래스의 객체가 하나도 생성되지 않은 경우라도 메모리에 영역이 할당된다. 반드시 객체가 생성될 때에만 메모리에 영역이 할당되는 일반 데이터 멤버와는 다르다.

정적 데이터 멤버는 다른 데이터 멤버와는 달리, 클래스의 생성자에서 초기화할 수 없다. 객체가 생성될 때마다 초기화된다면, 해당 클래스의 전체 객체가 사용하는 값이 그때마다 달라지기 때문이다. 따라서 정적 데이터 멤버는 전역 변수와 같이 프로그램이 시작하면서 단 한 번만 초기화되어야 한다. 이때, 정적 데이터 멤버의 접근 지정자는 초기화 과정에 전혀 영향을 미치지 않는다. 따라서 비공개 정적 데이터 멤버라도 클래스의 외부에서 초기화할 수 있다.

```
double SavingsAccount::currentRate = 0.0015;
```

정적 데이터 멤버의 초기화 구문에서 정적 데이터 멤버의 데이터 타입이 함께 지정되어야 한다. 그것은 대입이라기보다는 어디까지나 초기화이기 때문이다. 그리고 :: 영역 결정 연산자를 사용하여 정적 데이터 멤버가 속해 있는 클래스 이름을 지정해야 한다. 이때 static 키워드는 사용하지 않는다.

또한, 정적 데이터 멤버의 초기화 코드가 헤더 파일에 있지 않은 것이 좋다. 그것은 헤더 파일이 프로그램 내에서 여러 번 포함될 수 있기 때문이다. 따라서 정적 데이터 멤버의 초기화 코드는 클래스 멤버 함수를 정의한 소스 코드 파일에 있는 것이 바람직하다.

정적 데이터 멤버는 일반 멤버 함수에서 접근할 수 있으며, 공개 멤버로 지정하여 프로그램의 다른 함수에서도 접근하게 할 수도 있다. 이 경우에 클래스 외부의 함수에서 일반 공개 데이터 멤버처럼 정적 데이터 멤버에 접근할 수 있게 된다.

```
SavingsAccount myAccount, yourAccount;
myAccount.currentRate = 0.002;
```

위의 코드에서는 myAccount라는 SavingsAccount 클래스의 객체의 currentRate 데이터 멤버의 값이 수정되는 것처럼 보이지만, 실제로는 SavingsAccount 클래스의 전체 객체의 currentRate 데이터 멤버의 값이 수정된다. 따라서 yourAccount 객체에서 사용하는 currentRate 데이터 멤버의 값도 영향을 받게 된다. 이러한 방법은 currentRate가 정적 데이터 멤버라는 사실을 모른다면 잘못 이해될 위험성을 안고 있다. 따라서 굳이 정적 데이터 멤버를 공개 멤버로 지정하여 클래스 외부의 함수에서 접근해야 할 필요가 있다면, 다음과 같이 클래스명과 :: 영역 결정 연산자를 정적 데이터 멤버 앞에 붙임으로써 개별적인 객체의 데이터 멤버의 값이 변경되는 것이 아니라 클래스의 전체 객체의 정적 데이터 멤버의 값이 변경되는 것이라는 것을 명확히 해 줄 필요가 있다.

```
SavingsAccount::currentRate = 0.002;
```

그러나 위의 코드에서처럼 정적 데이터 멤버를 공개 멤버로 지정하여 클래스 외부의 함수에서 접근하게 하는 것보다는 비공개 멤버로 지정하여 클래스 외부에서는 접근하지 못하게 하고, 그 대신에 공개 멤버인 정적 멤버 함수 static member function를 사용하는 것이 바람직하다.

정적 멤버 함수는 좀 더 기능이 향상된 전역 함수로 생각할 수 있다. 정적 멤버 함수는 클래스의 객체가 생성되지 않아도 호출될 수 있지만, 해당 클래스에 국한된다. 정적 멤버 함수는 멤버 함수를 선언할 때 앞에 static 키워드를 사용하면 된다.

```
// 은행 계좌 클래스
class SavingsAccount{
public:
    // 생략...
    static void setInterestRate(double newValue);
    static double getInterestRate(void);
private:
    // 생략...
    static double currentRate;
};
```

공개 멤버인 정적 데이터 멤버에 접근하는 것과 마찬가지로, 정적 멤버 함수를 호출하는 방법은 두 가지가 있다. 하나는 다른 멤버 함수와 같이 객체에 . 연산자를 사용하여 호출하는 것이고, 다른 하나는 멤버 함수 앞에 클래스명과 :: 영역 결정 연산자를 붙여 호출하는 것이다.

```
SavingsAccount myAccount, yourAccount;
myAccount.setInterestRate(0.002);        // 이 구문보다는
SavingsAccount::setInterestRate(0.002);  // 이 구문을 사용하는 것이 좋다.
```

두 방법 모두 클래스에 속해 있는 전체 객체에 대하여 정적 데이터 멤버의 값을 변경시킨다.

첫 번째 방법은 마치 myAccount 객체에만 영향을 미치도록 하는 것처럼 보일지는 모르지만 실제로는 yourAccount 객체에도 마찬가지로 영향을 미

치게 된다. 따라서 명확히 클래스에 속해 있는 전체 객체에 대하여 정적 데이터 멤버의 값이 변경된다는 것을 표현하기 위해 두 번째 방법을 사용하는 것이 좋다.

정적 멤버 함수는 클래스의 객체가 생성되지 않은 경우에도 사용할 수 있다. 이 경우에는 두 번째 정적 멤버 함수를 호출하는 방법을 사용해야 한다.

정적 멤버 함수의 사용에는 제약이 있다. 정적 멤버 함수는 클래스의 특정 인스턴스 즉, 객체에 영향을 미치지 않으므로 this 포인터를 사용할 수 없다. 따라서 정적 멤버 함수는 정적 멤버에만 접근할 수 있다. 정적 멤버가 아닌 일반 데이터 멤버와 멤버 함수에는 접근할 수 없다.

```cpp
void SavingsAccount::setInterestRate(double newValue){
    currentRate = newValue;
    amount += currentRate * amount;     // 에러!! amount에 접근할 수 없음
    earnInterest( );                    // 에러!!
}
```

여러분이 객체 또는 클래스에 대하여 데이터에 접근하거나 멤버 함수를 구현할 때 3가지 방법 중에서 선택할 수 있다. 하나는 전역 변수와 전역 함수를 사용하는 것이고, 다른 하나는 정적 클래스 멤버를 사용하는 것, 나머지 하나는 일반 클래스 멤버를 사용하는 것이다.

전역 변수와 전역 함수는 데이터 또는 함수가 전체 프로그램에 걸쳐 공유되면서 논리적으로 어떤 클래스에도 속하지 않을 때만 사용하여야 한다. 전역 변수나 전역 함수를 사용할 때 반드시 지켜야 하는 점은 항상 사용을 최소화하여야 한다는 것이다. 보통 프로그램을 개발하는 과정에서 전역 변수나 전역 함수를 대체할 만한 클래스가 발견된다.

일반 클래스 멤버는 클래스의 각 객체에서 고유한 데이터를 저장하고, 그 데이터에 대해 처리를 할 때 사용된다.

정적 클래스 멤버는 클래스에 속해 있는 객체들에 대해서 공통된 데이터를 저장하고 그 데이터에 대해 처리를 할 때 사용된다. 정적 멤버는 일반적인 클

래스 멤버와 전역 변수 또는 전역 함수의 중간적인 성격을 갖고 있다고 생각
할 수 있다.

5. 포함 객체 embedded object

하나의 프로그램은 여러 개의 클래스로 구성된다. 그리고 이들 클래스 사이
에는 관계가 형성된다. 이미 우리는 '9. 상속성'과 '10. 다형성'에서 클래스 사
이의 계층적인 부모 자식 관계를 살펴보았다. 이러한 클래스 사이의 관계를 나
타내는 것 중의 하나가 다른 객체를 데이터 멤버로 포함하고 있는 경우이다.

예를 들어 사각형을 표현하는 방법을 생각해 보자. 먼저, 사각형은 좌측 상
단 위치와 우측 하단 위치를 나타내는 정보로 표현할 수 있다. 여기에서 우리
는 이 정보를 4개의 int 변수로 표현할 수도 있지만, 2개의 좌표로 표현할 수
도 있다. 다음은 2개의 좌표 정보를 갖는 데이터 멤버로 포함하는 사각형 클
래스의 예이다.

```
// 2개의 좌표 정보를 갖는 데이터 멤버로 포함하는 사각형 클래스
class Rectangle{
    Rectangle(int x1, int y1, int x2, int y2);
    ~Rectangle( );
private:
    Point leftop;          // 좌측 상단 좌표
    Point rightbottom;     // 우측 하단 좌표
};
```

이 경우에 좌표를 표현할 클래스가 필요하게 된다. 따라서 우리는 좌표를
나타내는 Point 클래스를 정의하여 Point 클래스의 객체를 Rectangle 클래
스에 포함시킬 수 있다.

```
// 좌표 클래스
class Point{
    Point(int x, int y);
    ~Point( );
private:
    int x, y;     // 좌표
};
```

위의 예에서 Point 클래스의 객체와 같이 다른 객체에 포함되는 객체를 포함 객체embedded object라고 한다.

포함 객체를 갖는 클래스의 객체가 생성될 때 먼저 포함 객체를 생성하게 된다. 따라서 다음과 같이 : (콜론) 초기화 방법으로 포함 객체가 생성될 때 한 번에 초기화하는 것이 바람직하다.

```
Rectangle::Rectangle(int x1, int y1, int x2, int y2)
                    : lefttop(x1, y1), rightbottom(x2, y2) {
}
```

이와는 반대로, 객체가 소멸될 때는 먼저 포함 객체를 갖는 클래스가 소멸되고 그 다음에 포함 객체가 소멸되게 된다. 다음은 포함 객체를 갖는 클래스 객체의 생성과 소멸 순서를 보여준다.

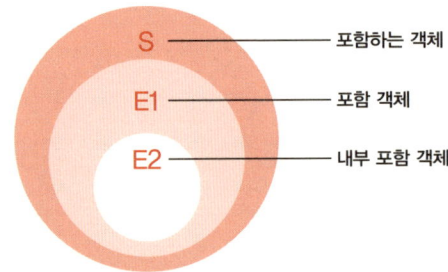

- S ——— 포함하는 객체
- E1 ——— 포함 객체
- E2 ——— 내부 포함 객체

· 객체 생성 순서 : E2, E1, S
· 객체 소멸 순서 : S, E1, E2

[그림 11.2] 포함 객체를 갖는 클래스의 생성과 소멸 순서

1. 포함 객체가 생성된다. 포함 객체 안에 다른 포함 객체가 있으면 그 객체를 먼저 생성한다. 이 과정은 다른 포함 객체가 없을 때까지 계속된다. 따라서 E2 객체가 먼저 생성되고, 다음에 E1 객체가 생성된다.

2. 마지막으로 포함 객체를 갖는 클래스의 객체가 생성된다. 따라서 S 객체가 마지막으로 생성된다.

3. 포함 객체를 갖는 클래스의 객체가 먼저 소멸된다. 따라서 S 객체가 먼저 소멸된다.

4. 포함 객체가 소멸된다. 포함 객체 안에 다른 포함 객체가 있으면 그 객체가 다음에 소멸된다. 이 과정은 다른 포함 객체가 없을 때까지 계속된다. 따라서 E1 객체가 먼저 소멸되고, 다음에 E2 객체가 소멸된다.

6. 연산자 오버로딩 operator overloading

연산자 오버로딩operator overloading은 클래스 안에서 연산자의 의미를 변경시킴으로써 프로그램의 코드를 좀 더 읽기 쉽게 만들 뿐만 아니라, 사용자 정의 데이터 타입인 클래스의 객체를 마치 기본 데이터 타입의 변수와 같이 연산 기능을 갖도록 하는데 사용된다.

연산자 오버로딩을 유용하게 활용할 수 있는 경우는 숫자 데이터 타입을 나타내는 클래스를 사용할 때이다. 예를 들어, 과학계산용 프로그램에서는 실수와 허수로 구성된 복소수를 자주 사용하게 된다. 이들 숫자를 나타내기 위해 우리는 Complex라는 클래스를 작성하여 표현할 수 있다. 이 데이터 타입의 숫자를 연산하기 위해 add나 mult와 같은 멤버 함수를 작성하여 사용할 수는 있지만, 다음 코드의 예에서처럼 복잡하고 이해하기 어렵다.

```
a = mult( mult(add(b,c), add(d,e)), f);
```

그러나 연산자 오버로딩으로 +와 * 연산자를 사용하여 표현하는 것이 훨씬 간단하고 이해하기 쉽다.

```
a = (b + c) * (d + e) * f;
```

연산자 오버로딩을 하기 위해 operator 키워드를 사용한다. 다음 코드는 Complex 복소수 클래스에서 + 연산자 오버로딩의 예를 보여준다.

```
// 복소수 클래
class Complex{
public:
    Complex( ) : r(0), i(0) { }
    Complex(double x, double y)
            : r(x), i(y) { }
    Complex operator+ (const Complex& c)
            { return Complex(r + c.r, i + c.i); }
private:
    double r;      // 실수
    double i;      // 허수
};
```

연산자 오버로딩에 사용되는 연산자는 +만 있는 것은 아니다. 연산자 오버로딩에는 사칙 연산자와 비교 연산자 등 다양한 연산자를 사용할 수 있다.

그러나 아무리 좋은 기능이라고 할지라도 무분별하게 사용한다면 오히려 그 의미를 희석시킬 수 있다. 따라서 연산자 오버로딩에는 다음과 같은 몇 가지 제약점이 있다.

▶ 새로운 연산자를 정의하여 사용할 수 없다.

예를 들어, 제곱 계산을 하기 위해 **라는 새로운 연산자를 만들어 시용할 수는 없다. 연산자 오버로딩을 하기 위해서는 반드시 기존에 있는 연산자를 사용하여 그 의미를 변경시킬 수 있을 뿐이다.

▶ 연산자에 사용되는 피연산자의 수를 변경시킬 수 없다.

예를 들어, ~ 연산자는 피연산자가 하나인 단항 연산자이다. 이 연산자를 피연산자가 두 개인 이항 연산자로 재정의하여 사용할 수는 없다. 마찬가지로, * 연산자는 이항 연산자이기 때문에, 이 연산자를 단항 연산자로 의미를 변경할 수는 없게 된다.

▶ 연산자의 우선순위를 변경시킬 수 없다.

모든 연산자에는 우선순위가 있다. 예를 들어, * 연산자와 + 연산자가 같이 사용될 때, * 연산자가 + 연산자보다 우선순위가 높다. 따라서 + 연산자가 * 연산자보다 우선순위가 높도록 재정의하여 사용할 수는 없다.

▶ 결합성을 변경시킬 수 없다.

모든 연산자에 우선순위가 있는 것과 마찬가지로, 모든 연산자는 결합성을 갖고 있다. 우선순위가 같은 연산자를 사용할 때 연산자의 결합성을 기준으로 묶인다. 이러한 결합성을 재정의하여 − 연산자가 먼저 연산되도록 그 의미를 변경시킬 수는 없게 된다.

▶ 데이터 타입에 적용되는 연산자의 동작 방법을 변경시킬 수 없다.

예를 들어 정수형에 적용되는 + 연산자의 의미 즉, 더하기를 변경시켜 빼기 기능을 하도록 동작 방법을 변경시킬 수는 없다. 정수형에 + 연산자가 사용될 때는 반드시 두 정수값을 더하기 하는 의미로만 사용된다. 그러나 사용자 정의 데이터 타입에서는 +가 반드시 더하기를 의미하지 않아도 된다. 즉, 두 사용자 정의 데이터 타입 변수의 값을 빼기 의미로 사용할 수도 있다. 그렇지만, 기본 데이터 타입에서 이미 사용되고 있는 연산자의 동작 방법은 변경시킬 수는 없다.

▶ 다음 연산자는 연산자 오버로딩에 사용할 수 없다.

.   .*   ::   ?:

앞에서 살펴본 제약점 외에도, 연산자 오버로딩은 사용되는 연산자의 의미가 명확하고 모호함이 없을 때만 사용하는 것이 바람직하다. +나 *과 같은 산술 연산자는 복소수와 같이 숫자를 나타내는 클래스에서는 그 의미가 명확하지만, 모든 클래스에서 의미가 명확해지는 것은 아니다. 예를 들어 날짜를 나타내는 Date 클래스에서 + 연산자를 중복하여 다음과 같은 코드를 작성한다고 할 때, 코드의 의미가 불명확하게 된다.

```
laterDate = myDate + yourDate;      // 어떻게 하라는 거지???
```

그러나 다음 코드는 의미가 비교적 명확하다.

```
laterDate = myDate + 10;            // myDate 에서 10일이 지난 날짜
```

이 같은 경우에는 다음과 같이 두 Date 클래스 객체를 결합하는 operator+ 멤버 함수를 작성하는 것보다. Date 클래스 객체에 정수값을 더하는 operator+ 멤버 함수를 작성하는 것이 훨씬 이해를 쉽게 한다.

```
class Date{
    // 생략...
    Date operator+ (int after);
    // 생략...
};
```

연산자 오버로딩을 너무 많이 사용한다면 오히려 프로그램을 읽기 어렵게 만들 수 있다. 따라서 단지 프로그램 코드를 입력하기 쉽게 하려고 연산자 오버로딩을 사용하는 것은 좋지 않다. 연산자 오버로딩은 모든 사람이 쉽게 이해할 만한 수준에서 아주 조심하여 적절하게 사용하는 것이 좋다.

C++ 표준 라이브러리에 있는 string 클래스도 연산자 오버로딩 기능을 제공하여 문자열을 연산할 수 있도록 한다. 다음은 string 클래스가 제공하는 연산자 오버로딩 함수다.

```
// 대입 연산자 오버로딩 함수
string& operator= ( const string& str );
string& operator= ( const char* s );
string& operator= ( char c );
// + 연산자 오버로딩 함수
string operator+ (const string& lhs, const string& rhs);
string operator+ (const char* lhs, const string& rhs);
string operator+ (char lhs, const string& rhs);
string operator+ (const string& lhs, const char* rhs);
string operator+ (const string& lhs, char rhs);
// 비교 연산자 오버로딩 함수
bool operator== ( const string& lhs, const string& rhs );
bool operator== ( const char* lhs, const string& rhs );
bool operator== ( const string& lhs, const char* rhs );
bool operator!= ( const string& lhs, const string& rhs );
bool operator!= ( const char* lhs, const string& rhs );
bool operator!= ( const string& lhs, const char* rhs );
bool operator< ( const string& lhs, const string& rhs );
bool operator< ( const char* lhs, const string& rhs );
bool operator< ( const string& lhs, const char* rhs );
bool operator> ( const string& lhs, const string& rhs );
bool operator> ( const char* lhs, const string& rhs );
bool operator> ( const string& lhs, const char* rhs );
bool operator<= ( const string& lhs, const string& rhs );
bool operator<= ( const char* lhs, const string& rhs );
bool operator<= ( const string& lhs, const char* rhs );
bool operator>= ( const string& lhs, const string& rhs );
bool operator>= ( const char* lhs, const string& rhs );
bool operator>= ( const string& lhs, const char* rhs );
// 배열 연산자 오버로딩 함수
const char& operator[ ] ( size_t pos ) const;
char& operator[ ] ( size_t pos );
```

string 클래스가 제공하는 대입 연산자 오버로딩 함수는 문자열의 값을 복사할 때 사용되며, + 연산자 오버로딩 함수는 문자열의 값을 결합할 때 사용된다. 또한, 비교 연산자 오버로딩 함수는 두 문자열의 값을 비교할 때 사용하며, 배열 연산자 오버로딩 함수는 문자열 내의 특정 문자에 배열 형식으로 접근할 때 사용된다. 다음은 string 클래스의 사용 예이다.

```
#include 〈string〉
using namespace std;
string str1 = "당신을 사랑합니다.";
string str2 = "사랑해도 되나요?";
string str3;
str3 = str1;          // string& operator= ( const string& str ) 호출
                      // 결과 : str3 == "당신을 사랑합니다."
if (str1 == str3)     // bool operator== ( const string& lhs, const string& rhs ) 호출
    cout << "두 문자열이 같습니다." << '\n';      // 결과 : 참
if (str1 != str2)     // bool operator!= ( const string& lhs, const string& rhs ) 호출
        cout << "두 문자열이 다릅니다." << '\n';    // 결과 : 참
if (str1 < str2)      // bool operator< ( const string& lhs, const string& rhs ) ;
        cout << "str2가 큽니다." << '\n;           // 결과 : 참
str3 = str1 + str2; // string operator+ (const string& lhs, const string& rhs) 호출
                    // 결과 : str3 == "당신을 사랑합니다. 사랑해도 되나요?"
string str4 = "I love you.";
char ch = str4[3]; // char& operator[ ] ( size_t pos ); 호출
                   // 결과 : ch == 'o'
```

여기에서 우리는 대입과 초기화를 명확하게 구별해야 한다. 대입_{assignment}
은 이미 생성된 객체의 값을 변경하는 것을 말하고, 초기화_{initialization}는 객체
가 생성될 때 초기값을 지정하는 것이다. 대입은 여러 번 이루어질 수 있지
만, 초기화는 단 한 번만 이루어진다.

클래스 객체에 값을 대입할 때는 대입 연산자 오버로딩 함수가 호출된다.
만약 클래스가 연산자 오버로딩 함수를 제공하지 않는다면 멤버 대 멤버 치
환을 한다. 예를 들어 string 클래스는 다음과 같이 char* 데이터 타입의 데
이터 멤버를 포함한다.

```
class string {
    string(char* str);
    ~string( );
private :
    char* data;
};
```

다음과 같이 string 클래스 타입의 2개의 객체를 정의하였다고 하자.

```
string str1 = "당신을 사랑합니다.";
string str2 = "사랑해도 되나요?";
str2 = str1;
```

만약 string 클래스가 대입 연산자 오버로딩 함수를 제공하지 않는다면 대입 연산자를 사용할 때 멤버 대 멤버 치환이 되어 다음 코드와 같은 결과가 발생한다.

```
str2.data = str1.data;    // 멤버 대 멤버 치환
```

위 코드는 겉으로 아무런 이상이 없어 보인다. 그러나 실제로는 아주 치명적인 문제를 갖고 있다. 그것은 데이터 멤버가 포인터이기 때문이다. 이것은 우리가 '5. 포인터와 레퍼런스'에서 살펴보았던 포인터 대입의 문제와 같은 문제를 일으킨다. data 포인터 멤버가 같은 메모리의 위치를 가리키게 되는 것이다. 따라서 이런 문제를 제거하기 위해 포인터 멤버를 포함하고 있는 클래스는 반드시 대입 연산자 오버로딩 함수를 제공해야 한다.

string 클래스의 대입 연산자 오버로딩 함수는 이런 문제를 해결하기 위해 포인터 멤버를 멤버 대 멤버 치환하는 것이 아니라 포인터가 가리키는 문자열의 값을 복사하도록 구현하여 제공하고 있다.

클래스 객체를 다른 객체로 초기화할 때는 복사 생성자가 호출된다. 복사 생성자copy constructor는 같은 클래스의 레퍼런스 타입을 갖는 객체를 매개변수로 받아들이는 생성자다. 복사 생성자는 클래스의 객체를 다른 객체의 값으로 초기화할 때마다 호출된다. 앞에서 살펴본 바와 같이 = 연산자를 사용하여 초기화하든지, 함수 호출 형식으로 초기화하든지 간에 객체가 초기화될 때 복사 생성자가 호출된다.

```
string str1 = "당신을 사랑합니다.";
string str2 = str1;      // = 연산자 초기화
string str3(str1);       // 함수 호출 형식 초기화
```

위의 코드에서 str2와 str3 객체가 생성될 때 str1 객체의 값으로 초기화가 된다. 만약 클래스에서 복사 생성자를 지정해 주지 않으면 컴파일러는 멤버 대 멤버 치환을 하는 디폴트 복사 생성자_{default copy constructor}를 생성하여 호출한다. 따라서 대입 연산자를 사용할 때와 마찬가지의 문제를 발생시키게 된다. 따라서 포인터 멤버를 포함하는 클래스는 복사 생성자를 정의하여야 한다.

string 클래스는 다음과 같은 복사 생성자를 제공한다.

```
string ( const string& str );
string ( const string& str, size_t pos, size_t n = npos );
```

7. 클래스 변환 class conversion

기본데이터 타입 사이에 타입 변환_{casting}을 하는 것처럼 다음과 같은 경우에 클래스 타입 사이에도 변환_{conversion}이 발생한다.

▶ 값을 대입할 때
▶ 산술 연산을 할 때
▶ 함수에 매개변수를 넘겨줄 때
▶ 함수에서 값을 반환할 때

앞에서 예로 사용한 Complex 클래스의 경우를 생각해 보기로 하자. 이 클래스에는 두 복소수가 어떻게 더해지는가를 구현한 + 연산자 오버로딩 멤버 함수가 있다고 가정하자. 이 경우 다음 코드의 경우를 살펴보기로 하자.

```
Complex c1, c2, c3;
c2 = c1 + 15;
c3 = c1 + 15.5;
```

위 코드에서는 Complex 클래스라는 사용자 정의 데이터 타입의 객체 c1에 각각 정수값 15와 실수값 15.5를 더하고 있다. 만약 c1이 기본 데이터 타입 변수라면 컴파일러는 15와 15.5를 각각 c1 변수의 데이터 타입으로 타입 변환을 한 다음, 두 값을 더하여 각각 c2와 c3에 대입하게 될 것이다. 그러나 위의 코드에서는 15와 15.5를 Complex 데이터 타입으로 타입 변환할 어떠한 장치도 마련되어 있지 않다. 컴파일러는 Complex가 사용자 정의 데이터 타입이므로 어떻게 타입 변환을 해야 할지 알지 못하기 때문에 위의 코드는 에러를 발생시킨다.

일반적으로 사용자 정의 데이터 타입에 대하여 다음과 같이 타입 변환을 할 수 있도록 다음 기능을 클래스를 정의할 필요가 있다.

▶ 변환 생성자conversion constructor
 · 기본데이터 타입을 사용자 정의 데이터 타입으로 타입 변환
 · 다른 사용자 정의 데이터 타입을 사용자 정의 데이터 타입으로 타입 변환

▶ 변환 함수conversion operator
 · 사용자 정의 데이터 타입을 기본 데이터 타입으로 타입 변환
 · 사용자 정의 데이터 타입을 다른 사용자 정의 데이터 타입으로 타입 변환

하나의 매개변수를 갖는 모든 생성자는 변환 생성자conversion constructor로 간주된다. 변환 생성자는 매개변수로 넘겨진 데이터 타입을 클래스의 데이터 타입 즉, 사용자 정의 데이터 타입으로 타입 변환을 하게 된다. 이때 매개변수에 지정되는 데이터 타입이 기본 데이터 타입이든, 다른 사용자 정의 데이터 타입이든 상관없다.

Complex 클래스에 다음과 같이 int와 double 데이터 타입을 변환할 수 있는 변환 생성자를 정의할 수 있다.

```
class Complex {
public :
    Complex ( int val );        // int 타입을 Complex 타입으로 변환
    Complex ( double val );     // double 타입을 Complex 타입으로 변환
    // 생략...
};
```

이 변환 생성자는 다음과 같이 Complex 클래스의 객체가 생성될 때 사용
될 수 있다.

```
Complex c1(10);          // int 타입을 Complex 타입으로 변환
Complex c2(10.2);        // double 타입을 Complex 타입으로 변환
```

또한 다음과 같이 내부적으로 변환이 필요할 때마다 사용된다.

```
Complex c1, c2, c3;
c2 = c1 + 15;            // 15를 Complex 타입으로 변환한 후 + 연산
c3 = c1 + 15.5;          // 15.5를 Complex 타입으로 변환한 후 + 연산
```

변환 함수conversion operator는 사용자 정의 데이터 타입을 기본 데이터 타입
또는 다른 사용자 정의 데이터 타입으로 변환이 필요할 때 호출되는 함수다.
변환 함수를 정의할 때 다음 코드의 예에서와 같이 operator 키워드를 사용
한다.

```
class Complex {
public:
    // 생략...
    operator int( );        // Complex 타입을 int 타입으로 변환
    operator double( );     // Complex 타입을 double 타입으로 변환
    // 생략...
};
```

이들 변환 함수는 다음과 같이 Complex 클래스 객체를 다른 타입으로 변
환해야 할 때 호출된다.

```
Complex c1;
int i = c1;                    // Complex 타입을 int 타입으로 변환
double d = c1;                 // Complex 타입을 double 타입으로 변환
```

그러나 변환 생성자와 변환 함수를 적절하게 사용하지 못할 때 모호성을 일으킬 수 있다. 다음 코드를 살펴보자.

```
// conversion.h 헤더 파일
class B;
class A
{
public:
    A ( ) : a(0) { }
    A (int i) : a(i) { }        // int -> A
    A (A& a1) {a = a1.a;}
    A (B& b);                   // B -> A
    operator B( );              // A -> B
    int getData(void) const { return a;}
private:
    int a;
};

class B
{
public:
    B (int i) : b(i) { }        // int -> B
    B (B& b1){b = b1.b;}
    B (A& a);                   // A -> B
    operator A( ) ;             // B -> A
    int getData(void) const{return b;}
private:
    int b;
};
```

소스 파일은 다음과 같이 구현되어 있다.

```
// conversion.cpp 소스 파일
A::A(B& b) {
    a = b.getData( );
```

```
    }
A::operator B( ) {
    return B(a);
}
B::B(A& a) {
    b = a.getData( );
}
B::operator A( ) {
    return A(b);
}
void func(A& a1) {
    cout << a1.getData( ) << endl;
}
```

이들 클래스를 사용하는 main( ) 함수는 다음과 같다.

```
// main.cpp 소스 파일
int main(void)
{
    A myA(0);
    B myB(20);
    myA = myB;
    func(myA);
    func(myB);
    return 0;
}
```

위의 코드를 컴파일하면 func(myB) 문에서 에러가 발생한다. func 함수는
A 클래스의 레퍼런스를 매개변수로 취하지만, B 클래스의 객체 myB가 매개
변수로 넘겨졌기 때문에 myB 객체는 A 클래스 타입으로 변환되어야 한다.
그러나 B 클래스의 객체가 A 클래스 타입으로의 변환은 두 가지 경우에서 발
생할 수 있다. 하나는 B 클래스 타입을 매개변수로 취하는 A 클래스의 변환
생성자를 통해서 발생할 수도 있고, 다른 하나는 B 클래스의 operatorB ( )
변환 함수를 통하여 발생할 수도 있다.
    이처럼 타입 변환 시에 컴파일러가 어떤 방법으로 타입 변환을 해야 할지

알 수 없는 경우가 발생할 때, 모호성ambiguity이 발생했다고 한다. 이러한 모호성은 어떤 클래스에 대한 변환 생성자와 변환 함수가 동시에 제공될 때 주로 발생하게 된다. 그러나 불행하게도 컴파일러는 클래스가 선언될 때 이러한 모호성을 알 수는 없다. 다만, 모호한 변환이 시도되는 코드가 제공될 때만 해당 코드에 대하여 에러 메시지를 내보내게 된다. 따라서 이러한 모호성이 발생하지 않도록 클래스 설계 시에 면밀하게 주의를 기울이지 않으면 안 된다.

템플릿

이번 장에서 다룰 주제는 템플릿template이다.
템플릿은 실무에서 사용 빈도가 그다지 높지는 않지만
효율적인 프로그램을 작성하기 위해서는 반드시 알아야 할 중요한 기능이다.
또한, C++ 언어가 제공하는 C++ 표준 템플릿 라이브러리standard template library,
STL의 자료 구조 클래스들이 템플릿을 기반으로 만들어졌으므로
이들 클래스를 잘 활용할 수 있기 위해서도 반드시 이해해야 하는 기능이다.
C++ 언어에서 제공하는 템플릿의 이점과 함께 템플릿 구문에 대해 살펴보고,
표준 템플릿 라이브러리에서 제공하는 클래스 템플릿에 대해서 살펴보기로 한다.

1. 템플릿 template

템플릿template은 매개변수의 데이터 타입에 기초한 함수와 클래스를 생성하는 메커니즘이다. 따라서 템플릿을 매개변수가 있는 데이터 타입parameterized type이라고도 부른다. 템플릿에는 함수 템플릿function template과 클래스 템플릿class template 등 두 가지 종류가 있다. 템플릿을 사용하면 각 데이터 타입에 대한 별도의 클래스 또는 함수를 생성할 필요 없이 단 하나의 클래스를 생성하여 그 클래스를 여러 데이터 타입에 사용할 수 있게 된다.

예를 들어, 2개의 매개변수로 넘어온 값 중에서 작은 값을 반환하는 함수의 경우에 다음과 같이 여러 개의 오버로딩 함수를 작성해야 한다.

```
// int 데이터 타입
int min(int x, int y)
    { return (x < y) ? x : y; }
// long 데이터 타입
long min(long x, long y)
    { return (x < y) ? x : y; }
// char 데이터 타입
char min(char x, char y)
    { return (x < y) ? x : y; }
// double 데이터 타입
double min(double x, double y)
    { return (x < y) ? x : y; }
// 등등 ...
```

그러나 템플릿을 사용하면 위 코드와 같이 오버로딩되는 여러 함수를 작성할 필요가 없이 단 하나의 함수 템플릿을 작성하면 된다.

```
template <class T> T min( T x, T y)
    { return (x < y) ? x : y; }
```

위 코드와 같이 템플릿은 소스 코드의 크기를 현저히 줄여줄 뿐만 아니라,

데이터 타입을 보장type-safe하는 유연성이 있는 코드를 작성할 수 있게 된다. 템플릿을 사용할 때 이점은 다음과 같다.

> ▶ 템플릿을 사용할 때 코드를 작성하기 쉽다.
> 모든 경우의 클래스 또는 함수를 작성하는 대신에, 일반적인 하나의 클래스 또는 함수를 작성하면 된다.

> ▶ 템플릿을 사용할 때 코드를 이해하기 쉽다.
> 템플릿은 데이터 타입 정보를 추상화하는 직접적인 방법을 제공하기 때문에 코드를 이해하기가 쉽다.

> ▶ 템플릿은 데이터 타입을 보장type-safe한다.
> 템플릿의 데이터 타입은 컴파일 시에 알려지기 때문에 컴파일러는 에러가 발생하기 전에 타 검사type checking를 수행할 수 있다.

2. 함수 템플릿function template

함수 템플릿function template는 다음과 같은 구문을 가진다.

template < class 식별자 > 함수 선언;

또는

template < typename 식별자 > 함수 선언;

위의 2개의 함수 템플릿 구문에서 다른 것은 class와 typename 키워드를 사용하는 것이다. 그러나 어떤 키워드를 사용하더라도 같은 의미가 있으며 같은 기능을 제공한다. 또한, 일반적으로 식별자 이름으로는 템플릿을 나타내는 T를 많이 사용한다.

함수 템플릿를 사용하여 2개의 값을 바꾸는 함수를 다음과 같이 정의할 수 있다.

```
template 〈 class T 〉 void swap ( T& x, T& y )
{
    T z(x);
    x = y;
    y = z;
}
```

위의 함수 템플릿은 int나 long과 같은 기본 데이터 타입뿐만 아니라 클래스 타입에도 사용할 수 있다. 이 경우 클래스에 사용할 때는 해당 클래스가 복사 생성자와 operator=( ) 멤버 함수가 제공되어야 한다.

이렇게 정의된 함수 템플릿은 일반 함수를 호출하는 것과 같은 방법으로 호출할 수 있다. 다음 코드는 swap( ) 함수 템플릿를 사용하는 예를 보여준다.

```
int i=10, j=20;
Point pt1(0, 1), pt2(3, 4);
swap(i, j);
swap(pt1, pt2);
```

함수 템플릿이 처음 호출될 때만 컴파일러는 해당 데이터 타입을 지원하는 함수 버전을 생성하게 된다. 이렇게 하여 생성된 새로운 버전의 함수는 해당 데이터 타입의 매개변수가 사용될 때마다 호출된다. 설사 다른 모듈에서 해당 데이터 타입의 매개변수를 갖는 함수가 호출된다고 해도 프로그램이 끝날 때까지 같은 버전의 함수가 호출된다.

만약의 다른 데이터 타입을 매개변수로 갖는 함수 템플릿이 호출된다면 컴파일러는 그 데이터 타입에 대한 새로운 버전의 함수를 생성한다. 이때 표준적인 타입 변환은 적용되지 않는다. 컴파일러는 처음에 지정된 매개변수의 데이터 타입과 정확히 일치하는 데이터 타입을 매개변수로 갖는 함수의 버전을 찾는다. 이것이 실패하면, 컴파일러는 지정된 매개변수의 데이터 타입과 일치하는 새로운 버전의 함수 생성을 시도한다. 이때 컴파일러는 매개변수의 데이터 타입과 일치하는 것을 찾기 위해 오버로딩overloading 해결 방안을 찾을 수도 있다. 이것까지 실패하면 컴파일러는 에러를 발생시킨다.

함수 템플릿과 같은 이름을 갖지만, 특정 데이터 타입의 매개변수를 지정하여 다른 행위를 하는 함수를 오버로딩overloading할 수 있다. 예를 들어 위의 swap( )함수 템플릿에 대하여 다음과 같이 오버로딩 함수를 사용할 수 있다.

```
void swap( double x, double y);
```

매개변수의 데이터 타입이 double인 swap( ) 함수가 호출되면 컴파일러는 위의 함수를 호출하게 된다. 이때 일반 함수와 마찬가지로 표준 데이터 변환이 적용될 수도 있다.

3. 클래스 템플릿 class template

클래스 템플릿class template의 선언 구문은 다음과 같다.

```
template 〈 class 식별자, 매개변수 목록 〉클래스명
{
    // 멤버 선언...
};
```

또는

```
template 〈 typename 식별자, 매개변수 목록 〉클래스명
{
```

```
    // 멤버 선언...
};
```

함수 템플릿 구문에서와 마찬가지로 class와 typename 키워드 중에서 어떤 것을 사용하더라도 같은 의미가 있으며 같은 기능을 제공한다. 또한 일반적으로 식별자 이름으로는 템플릿을 나타내는 T를 많이 사용한다.

이제 스택 자료 구조를 나타내는 간단한 클래스 템플릿을 작성하면서 클래스 템플릿의 기능을 살펴보기로 하자. 다음은 Stack 클래스 템플릿의 예이다.

```
template 〈class T〉class Stack{
public:
    Stack(int s);
    ~Stack( );
    void push(T a);
    T pop(void);
    int size(void) const;
private:
    T* v;
    T* p;
    int sz;
};
```

Stack 클래스명 앞의 template 〈class T〉는 Stack 클래스가 템플릿임을 선언한다. 또한, Stack 클래스 템플릿은 T 데이터 타입이 사용된다는 것을 나타낸다. 클래스 템플릿 선언이 끝날 때까지 T 데이터 타입은 다른 데이터 타입과 같게 사용된다. T 데이터 타입은 다음 예에서처럼 Stack 클래스 템플릿의 객체가 생성될 때 〈 〉 안에 지정된 데이터 타입으로 대체된다.

```
Stack〈char〉 sc(10);
```

따라서 위 코드의 클래스 템플릿은 다음과 유사한 코드가 된다.

```
class Stack_char{
public:
```

```
    Stack_char(int s);
    ~Stack_char( );
    void push(char a);
    char pop(void);
    int size(void) const;
private:
    char* v;
    char* p;
    int sz;
};
```

위 Stack 클래스 템플릿의 멤버 함수는 다음과 같이 정의된다.

```
template〈class T〉Stack〈T〉::Stack(int s){
    v = p = new T[sz = s];
}
template〈class T〉Stack〈T〉::~Stack( ){
    delete [ ] v;
}
template〈class T〉void Stack〈T〉::push(T a){
    *p++ = a;
}
template〈class T〉T Stack〈T〉::pop(void){
    return *—p;
}
template〈class T〉int Stack〈T〉::size(void) const{
    return p−v;
}
```

클래스 템플릿 선언과 마찬가지로 앞에 template 〈class T〉가 오면서 해당 멤버 함수가 클래스 템플릿의 멤버 함수임을 나타낸다. 또한, 해당 멤버 함수는 Stack〈T〉 영역 안에서 사용된다는 것을 의미한다.

이제 우리는 다음과 같은 클래스 템플릿의 객체를 생성할 수 있다.

```
Stack〈int〉 si(10);
Stack〈Point〉 sp(5);
```

위 코드는 각각 int 데이터 타입과 Point 클래스 타입의 Stack 클래스 템플릿 객체 si와 sp를 생성하게 된다. 그리고 일반 객체를 사용하는 방법과 마찬가지로 이들 객체를 사용할 수 있다.

이때 주의할 것은 클래스 템플릿의 객체가 생성될 때까지는 클래스 템플릿에 대한 어떠한 코드도 생성되지 않는다는 것이다. 또한, 멤버 함수에 대한 코드도 명확하게 호출될 때까지는 생성되지 않는다는 점에 특히 유의하기 바란다.

앞에서 클래스 템플릿 선언 구문에서와 같이 클래스 템플릿이 매개변수를 가질 수 있다. 다음 코드는 클래스 템플릿이 다른 매개변수를 갖는 경우의 예이다.

```
template <class T, int i>class Array {
public:
    Array( );
    ~Array( );
    int set(T a, int b);
    T get(int a) const;
private:
    T ar[i];
    int size;
};
```

위의 Array 클래스 템플릿 코드는 두 개의 매개변수를 사용한다. class T에는 앞에서와 마찬가지로 데이터 타입이 넘어오고, int i에는 정수형의 상숫값이 넘어오게 된다. 이때 i 매개변수는 컴파일 시에 정의되는 상수이기 때문에 ar 배열 멤버의 크기를 지정하는 데 사용할 수 있게 된다.

Array 클래스 템플릿의 멤버 함수 역시 두 매개변수가 지정되어 다음과 같이 정의된다.

```
template<class T, int i>Array<T, i>::Array( ) {
}
template<class T, int i>Array<T, i>::~Array( ) {
```

```
    }
    template<class T, int i> int Array<T, i>::set(T a, int b) {
        if( (b >= 0) && (b < i) ) {
            ar[b] = a;
            return sizeof(a);
        }
        else
            return -1;
    }
    template<class T, int i> T Array<T, i>::get(int a) const {
        return ar[a];
    }
```

이제 우리는 다음과 같이 위의 Array 클래스 템플릿의 객체를 생성할 수 있다.

```
Array<int, 10> ai;
Array<Point, 5> ap;
```

그러나 두 번째 매개변수에는 상수가 지정되어야 하므로, 다음과 같이 실행 시에 정의되는 변수를 지정할 수는 없다.

```
Array<float, items++> af;    // 에러!!
```

4. 표준 템플릿 라이브러리

표준 템플릿 라이브러리standard template library 즉, STL은 템플릿을 기반으로 하는 자료 구조와 알고리즘을 제공하는 표준 라이브러리다. 여기에서는 STL 에서 자료의 집합collection 기능을 제공하는 템플릿 클래스 중에서 실무에서 많이 사용되는 벡터vector와 리스트list 템플릿 클래스의 사용법에 대해서 간단히 살펴보기로 한다.

벡터vector는 동적 배열dynamic array 기능을 제공하는 자료 구조다. STL의 벡터 자료 구조 클래스 템플릿은 다음과 같이 선언되어 있다.

```
template 〈 class T, class Allocator = allocator〈T〉〉 class vector;
```

T는 벡터에 저장되는 요소의 타입으로 벡터는 이 타입의 집합을 관리한다. Allocator는 내부 메모리 관리에 사용되는 할당자allocator다. 일반적으로 디폴트 할당자를 사용하므로 vector 클래스 템플릿의 인수로는 주로 요소의 타입 T만 지정된다.

다음은 int 데이터 타입의 값을 저장하는 벡터를 생성하는 코드의 예이다.

```
// int 데이터 타입의 값을 저장하는 벡터를 생성한다.
vector〈int〉 vec;
```

벡터의 끝에 요소를 추가할 때는 push_back() 멤버 함수를 사용한다. 다음은 벡터에 5개의 값을 추가하는 코드의 예이다.

```
//벡터에 5개의 값을 추가한다.
for(i = 0; i < 5; i++){
    vec.push_back(i);    // 끝에 요소를 추가한다.
}
```

벡터에서 마지막 요소를 삭제할 때는 pop_back() 멤버 함수를 사용한다.

```
vec.pop_back( );    // 끝에 있는 요소를 삭제한다.
```

특정한 몇 번째 요소에 접근하려면 배열과 같이 [ ] 연산자 함수를 사용할 수 있다.

```
int value = vec[2];    // 3번째 요소의 값을 읽는다.
```

벡터의 크기 즉, 요소의 개수를 구하려면 size() 멤버 함수를 사용한다.

```
int count = vec.size( );      // 요소 개수를 구한다.
```

벡터의 요소에 순차적으로 접근하고 싶다면 열거자iterator를 사용한다.

```
// 열거자를 사용하여 순차적으로 요소에 접근한다.
vector〈int〉::iterator itr = vec.begin( );      // 시작 위치로 이동한다.
while( itr != vec.end( )) {                    // 마지막 요소일 때까지 반복한다.
     cout << "값 : " << *v << '\n'
     itr++;                                    // 열거자를 증가시킨다.
}
```

리스트list는 이중 연결 리스트double linked list 기능을 제공하는 자료 구조다. STL의 리스트 자료 구조 클래스 템플릿은 다음과 같이 선언되어 있다.

```
template 〈 class T, class Allocator = allocator〈T〉〉 class list;
```

T는 리스트에 저장되는 요소의 타입으로 리스트는 이 타입의 집합을 관리한다. Allocator는 내부메모리 관리에 사용되는 할당자allocator다. 일반적으로 디폴트 할당자를 사용하므로 list 클래스 템플릿의 인수로는 주로 요소의 타입 T만 지정된다.

list 클래스 템플릿은 vector 클래스 템플릿과 유사한 구문을 제공하므로 사용하는 방법도 유사하다. 다음은 int 데이터 타입의 값을 저장하는 리스트를 생성하는 코드의 예이다.

```
// int 데이터 타입의 값을 저장하는 리스트를 생성한다.
list〈int〉lst;
```

리스트의 끝에 요소를 추가할 때는 push_back( ) 멤버 함수를 사용한다. 다음은 리스트에 5개의 값을 추가하는 코드의 예이다.

```
//리스트에 5개의 값을 추가한다.
for(i = 0; i < 5; i++){
     lst.push_back(i);                        // 끝에 요소를 추가한다.
}
```

리스트에서 마지막 요소를 삭제할 때는 pop_back( ) 멤버 함수를 사용한다.

```
lst.pop_back( );     // 끝에 있는 요소를 삭제한다.
```

리스트의 크기 즉, 요소의 개수를 구하려면 size( ) 멤버 함수를 사용한다.

```
int count = lst.size( );     // 요소 개수를 구한다.
```

리스트의 요소에 순차적으로 접근하고 싶다면 열거자$_{iterator}$를 사용한다.

```
// 열거자를 사용하여 순차적으로 요소에 접근한다.
list<int>::iterator itr = lst.begin( );      // 시작 위치로 이동한다.
while( itr != lst.end( )) {              // 마지막 요소일 때까지 반복한다.
    cout << "값 : " << *itr << '\n';
    itr++;                          // 열거자를 증가시킨다.
}
```

예외 처리와 선행처리기 지시어

이번 장에서는 C++ 언어에서 지원되는
예외 처리와 선행처리기 지시어에 대하여 살펴본다.
프로그램을 실행할 때 발생하는 에러를 처리하는 일은
강건한robust 프로그램을 만들기 위한 필수적인 작업이며,
상당히 어려운 작업이기도 하다.
C++ 언어에서는 이러한 실행 에러를 처리할 수 있는
객체지향적이면서도 효율적인 방법을 제공한다.
선행처리기 지시어는 프로그램을 보기 쉽고 명확한 의미가 있는
코드를 작성할 수 있도록 도와준다.
여러분은 이들 기능을 잘 활용함으로써
효율적인 C++ 프로그램을 작성할 수 있게 될 것이다.

1. 예외 처리 exception handling

프로그램에서 에러는 다음과 같이 크게 3가지로 나뉜다.

▶ 컴파일 에러
▶ 실행 에러
▶ 논리 에러

컴파일 에러compilation error란 소스 프로그램을 작성하고 컴파일러를 사용하여 컴파일할 때 발생하는 에러를 말한다. 이 에러는 키보드 자판을 잘못 눌러 엉뚱한 문자를 입력했든가, 아니면 변수를 정의하지 않고 사용했다든가, 또는 프로그래머가 프로그래밍 언어의 문법을 모르고 사용하였다던가 등등의 이유로 어쨌든 코드를 잘못 작성했을 때 발생한다.

실행 에러runtime error는 컴파일 에러 없이 성공적으로 컴파일이 완료되어 실행 모듈을 생성했지만, 실행 시에 프로그램이 제내로 동작하지 않는 에러다. 이 에러의 원인은 여러 가지가 있겠지만, 시스템에서 발생할 수도 있고, 프로그램 자체에서 발생할 수도 있다.

이러한 실행 에러 중의 하나가 논리 에러다. 논리 에러logic error는 특별히 프로그램을 실행하는 데는 문제가 없지만, 개발자가 원하는 대로 동작하지 않는 것을 말한다. 결국, 논리 에러란 엉뚱한 결과를 산출하는 것을 말한다.

우리가 여기에서 다루려고 하는 것은 실행 에러에 관한 사항이다. 이러한 실행 에러를 사전에 방지하기 위해 프로그램에서는 몇 가지 기법들을 사용한다. 그중에 하나가 멤버 함수에서 그 실행의 성공 여부를 호출 측에 반환하는 것이다. 그러면 멤버 함수를 호출한 측에서는 반환값이 참인지 거짓인지에 따라 적절하게 대응하는 코드를 작성할 수 있게 된다. 이러한 코드 작성 방법은 실행 시에 발생할 가능성이 있는 에러를 사전에 방지할 수 있다는 점에서 매우 좋은 프로그래밍 습관이다. 그러나 이처럼 멤버 함수 호출의 반환값을 사용하는 방법은 호출하는 측에서 반환값을 검사하도록 강제할 수 없으므로 한계를 가진다. 게다가 멤버 함수가 어떤 값을 반환해야 하는지 알 수 없는 때도 많다.

따라서 C++ 언어를 비롯하여 Java, C# 등 대부분 언어에서는 실행 에러를 처리할 수 있는 더욱 더 효율적인 방법으로서 예외 처리 기능을 제공한다. 예외exception란 코드가 실행 중에 발생하는 비정상적인 조건을 말한다. 이러한 비정상적인 조건이 발생하면 예외를 나타내는 객체가 생성되고 던져진다. 그리고 던져진 예외는 예외 처리기exception handler에 의해 잡혀서 처리된다.

2. 예외 처리 구문

C++ 언어에서는 예외 처리 구문은 다음과 같다.

```
try {
    // 보호 코드 블록
    throw 예외타입 인스턴스;
}
catch ( 예외타입 인수명 ) {
    // 예외 처리 코드 블록
}
catch ( ... ) {
    // 일반 예외 처리 코드 블록
}
```

모든 예외는 try 보호 코드 블록 안에서 처리된다. try 코드 블록 안에서 예외 상황이 발생하면 throw 문을 사용하여 예외를 던진다. 예외가 던져지면 그 즉시 try 코드 블록을 벗어나 발생한 예외 타입과 일치하는 가장 가까운 catch 구를 찾아 catch 코드 블록을 실행하고 예외 처리는 끝난다. 어떤 예외 타입이라도 상관없이 모두 예외를 잡아서 처리하고 싶다면 … (말줄임표)를 catch 구에 사용한다.

다음은 0으로 나누기 예외가 발생할 때 처리되는 예를 보여준다.

```
// 0으로 나누기 예외
doubledivideByZero(int a, int b) {
    if( b == 0 ){
            throw "0으로 나누기 예외가 발생합니다!!";
    }
    return (a/b);
}

int main ( )
{
    int x = 50;
    int y = 0;
    double z = 0;
    try {
            z = divideByZero(x, y);
            cout < < z < < '\n';
    } catch (const char* e) {
            cout<<e<<'\n';
    }
    return 0;
}
```

위의 코드에서 try 보호 코드 블록에서 호출되는 divideByZero( ) 함수는 b 인수로 전달되는 제수divisor가 0인 때에 throw 문을 사용하여 "0으로 나누기 예외가 발생합니다!!"라는 const char* 타입의 예외exception을 발생시킨다. 예외가 발생되면 즉시 try 보호 코드 블록을 벗어나 같은 const char*타입의 매개변수를 갖는 catch 코드 블록으로 이동한다. 이때 던져진 예외 값 즉, "0으로 나누기 예외가 발생합니다!!"라는 문자열이 catch 코드 블록의 인수로 전달되고 catch 코드 블록에서는 이 문자열을 화면에 출력한다. 따라서 위의 예제 코드에서 z 변수의 값을 출력하는 문장은 절대로 실행되지 않는다.

예외를 처리할 때 다양한 예외 정보가 필요하다면 예외 타입을 클래스나 구조체로 정의할 필요가 있다. 다음은 클래스로 예외 타입을 정의한 예이다.

```
// 예외 클래스
class Exception {
public :
    Exception (int code);
    int getCode( ) const;
    string getMessage( ) const {
        return message[code];
    }
private :
    int code;           // 예외 코드
    string message[10];  // 예외 메시지 배열
};
```

try 보호 코드 블록에서 예외가 발생하여 throw 문으로 예외를 던질 때 Exception 클래스 타입의 인스턴스를 생성하여 사용할 수 있다.

```
try {
    // 예외 발생 시
    Exception e(1);
    throw e;
    // 생략...
}
```

다음에는 Exception 레퍼런스 타입의 매개변수를 갖는 catch 코드 블록에서 던져진 예외를 잡아서 처리할 수 있다.

```
catch (Exception &e) {
    cout << "예외 코드 : " << e.getCode( )
        << ", 예외 메시지 : " << e.getMessage( ) << '\n';
}
```

3. 선행처리기 지시어 preprocessor directives

선행처리기 지시어 preprocessor directives는 프로그램 코드를 컴파일하기 전에 실행되는 선행처리기 preprocessor가 처리해야 할 일을 지시하는 지시문 directives을 말한다. 선행처리기 지시어는 명령문 statement이 아니므로 한 행에서만 유효하다. 여러 행에 걸쳐서 사용하려면 각 행 끝에 \ (역슬레쉬)를 붙여야 한다.

C++ 언어에서 여러 가지 다양한 선행처리기 지시어를 제공하지만, 여기서는 실무에서 많이 사용하는 몇 가지만 살펴보기로 한다.

우리는 지금까지 헤더 파일을 포함하기 위해 #include 지시어를 사용하였다.

#include〈파일명〉

또는

#include "파일명"

#include 지시어는 파일명에 지정된 파일의 내용을 그대로 읽어서 프로그램의 해당 위치에 삽입하는 기능을 제공한다. C++ 언어에서 제공하는 표준 라이브러리 클래스의 헤더 파일을 임포트할 때는 꺾쇠 괄호(〈 〉) 안에 헤더 파일명을 지정하고, 여러분이 작성한 클래스의 헤더 파일은 겹따옴표(" ") 안에 지정한다.

매크로 macro를 정의하고자 할 때 #define 지시어를 사용한다.

#define 식별자 치환자

선행처리기가 이 지시어를 만나면 프로그램에서 식별자를 치환자로 모두 대체한다. 치환자는 표현식일 수도 있고, 명령문이나 코드 블록 또는 어느 것이라도 상관없다. 그러나 선행처리기가 C++구문을 이해하는 것은 아니고, 단순히 식별자를 치환자로 대체하기만 한다.

```
#define TABLE_SIZE 100
int table1[TABLE_SIZE];
int table2[TABLE_SIZE];
```

위의 코드에서 선행처리기는 프로그램에서 TABLE_SIZE를 만나면 모두 100으로 대체한다. 따라서 위의 코드는 다음과 같다.

```
int table1[100];
int table2[100];
```

우리가 이미 '11. 클래스 고급'에서 살펴보았던 것처럼 매개변수를 갖는 함수 매크로를 정의하는데 #define 지시어를 사용할 수 있다.

```
#define MAX(A,B) ((A) > (B) ? (A) : (B))
int a = 20;
int b = 30;
int c = MAX(a, b);
```

위의 코드는 MAX뿐만 아니라 A와 B 매개변수도 대체하여 다음과 같이 치환된다.

```
int c = ((a) > (b) ? (a) : (b));
```

선행처리기에 의한 매크로 치환은 C++ 구문 검사 전에 발생하므로 복잡한 매크로에 의존하는 코드는 '11. 클래스 고급'에서 살펴본 것처럼 부작용을 일으킬 수도 있고 다른 개발자를 혼동시킬 수도 있으므로 신중하게 사용하는 것이 좋다.

#define 지시어로 정의된 매크로를 해제시키려면 #undef 지시어를 사용할 수 있다.

```
#define TABLE_SIZE 100
int table1[TABLE_SIZE];
#undef TABLE_SIZE
```

```
#define TABLE_SIZE 200
int table2[TABLE_SIZE];
```

위의 코드는 다음과 같은 코드를 생성한다.

```
int table1[100];
int table2[200];
```

조건부 포함 지시어는 특정한 조건을 충족시킬 때만 프로그램의 코드 부분을 포함시키기도 하고 배제시키기도 한다.

#ifdef 지시어는 #define 지시어로 이전에 매크로가 정의된 경우에만 #endif 지시어가 나올 때까지의 프로그램 코드를 컴파일하고 하게 한다.

```
#ifdef TABLE_SIZE
int table[TABLE_SIZE];
#endif
```

위의 코드에서는 TABLE_SIZE 매크로가 정의된 경우에만 table 배열을 선언한 코드 행이 컴파일된다.

는 #ifdef 지시어와는 반대로 이전에 #define 지시어로 이전에 매크로가 정의되지 않은 경우에만 #endif 지시어가 나올 때까지의 프로그램 코드를 컴파일하게 한다.

```
#ifndef TABLE_SIZE
#define TABLE_SIZE 100
#endif
int table[TABLE_SIZE];
```

위의 코드는 TABLE_SIZE 매크로가 정의되지 않았다면 TABLE_SIZE 매크로를 정의한다. 만약 TABLE_SIZE 매크로가 정의되어 있다면 다시 TABLE_SIZE 매크로를 정의하지 않는다.

#if, #else, #elif 지시어는 매크로를 포함하여 조건을 평가하여 컴파일할

코드의 부분을 결정한다.

```
#if TABLE_SIZE > 200
#undef TABLE_SIZE
#define TABLE_SIZE 200
#elif TABLE_SIZE < 50
#undef TABLE_SIZE
#define TABLE_SIZE 50
#else
#undef TABLE_SIZE
#define TABLE_SIZE 100
#endif
int table[TABLE_SIZE];
```

위의 코드에서 TABLE_SIZE 매크로가 200보다 큰 값으로 정의되어 있다면 TABLE_SIZE 매크로 정의를 해제하고 200으로 다시 정의한다. 만약 TABLE_SIZE가 50보다 작다면 50으로 재정의하고, 그 외에는 TABLE_SIZE를 100으로 정의한다.

#if 또는 #elif 지시어와 defined 및 !defined를 사용하여 #ifdef와 ifndef 지시어와 같은 구문을 작성할 수 있다.

```
#if !defined TABLE_SIZE
#define TABLE_SIZE 100
#elif defined ARRAY_SIZE
#define TABLE_SIZE ARRAY_SIZE
int table[TABLE_SIZE];
#endif
```

위의 코드에서 TABLE_SIZE 매크로가 정의되지 않았다면 100으로 정의하고, ARRAY_SIZE 매크로가 정의되었다면 ARRAY_SIZE로 TABLE_SIZE 매크로를 정의한다.

Appendix

부 록

1. Visual Studio Express 설치

윈도우 운영체제에서 C++ 프로그램을 개발할 때 마이크로소프트사가 제공하는 Visual Studio Express 버전을 사용할 수 있다. 여기에서는 가장 최근에 출시된 Visual Studio 2012 for Windows Desktop을 설치하기로 한다. Visual Studio 2012 for Windows Desktop은 윈도우 7과 윈도우 8 운영체제에 모두 설치할 수 있으며 설치 시에 시스템에는 인터넷이 연결되어 있어야 한다. 윈도우 8 RT에는 설치할 수 없다.

1. 먼저 웹 브라우저에서 다음 웹 사이트로 이동한다.

http://www.microsoft.com/visualstudio/kor/downloads

2. 다음과 같은 웹 화면이 나타날 때까지 조금 아래로 이동하여 Visual Studio 2012 for Windows Desktop을 클릭한다.

Visual Studio Express 2012

Visual Studio Express 2012 제품은 최신 플랫폼에서 현대적인 응용 프로그램을 만들어 내는 무료 개발 도구를 제공합니다.

- ⊕ Visual Studio Express 2012 for Web
- ⊕ Visual Studio Express 2012 for Windows 8
- ⊕ Visual Studio Express 2012 for Windows Desktop
- ⊕ Visual Studio Team Foundation Server Express 2012

3. 다음과 같이 웹 화면이 펼쳐지면 다운로드 언어에서 한국어를 선택하고 지금 설치 하이퍼링크를 클릭한다.

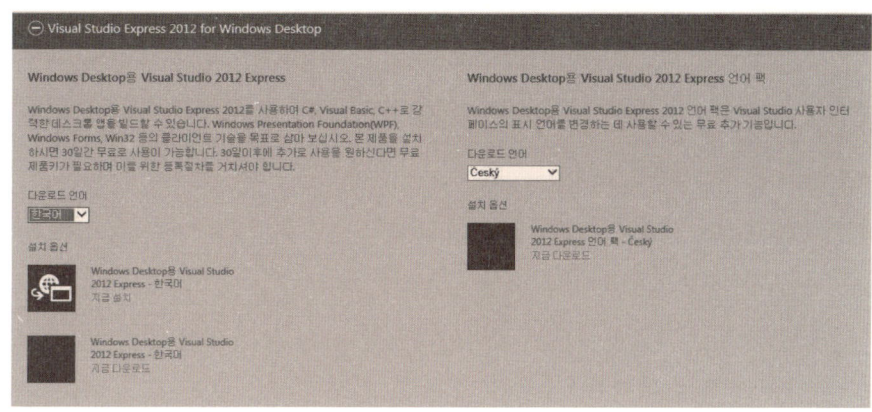

참고로 지금 다운로드를 선택하여 DVD 이미지가 저장된 VS2012_WDX_KOR.iso 파일을 다운로드한 후에 여러 번 설치할 수 있다. 여기에서는 그냥 직접 설치하기로 하고 지금 설치를 선택한다.

4. 웹 브라우저 하단에서 wdexpress_full.exe 파일을 실행하기 위해 실행 단추를 클릭한다.

5. Visual Studio 2012 for Windows Desktop 설치 화면이 나타난다.

6. 설치 화면에서 동의함 체크 상자를 클릭하여 체크 상태로 만든다. 이때 하
단에 설치 단추가 나타나면 설치 단추를 클릭한다.

7. 다운로드와 동시에 설치가 시작된다.

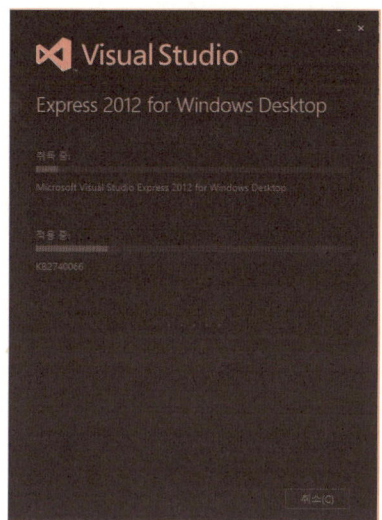

8. 설치가 완료되면 다음 화면이 나타난다.

9. 제품 키를 얻기 위해 온라인 등록 하이퍼링크를 클릭한다.

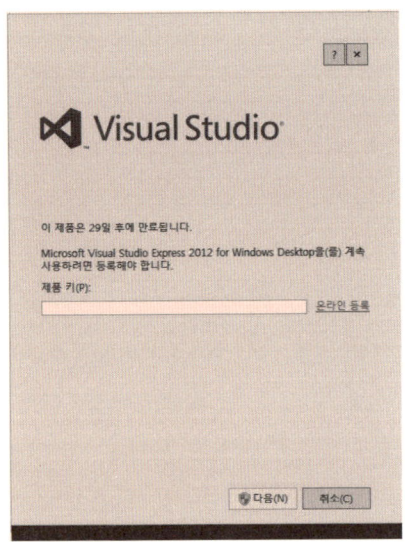

10. 웹 페이지에서 마이크로소프트 계정에 로그인한다. 만약 마이크로소프트 계정이 없다면 지금 등록을 클릭하여 계정을 생성한다.

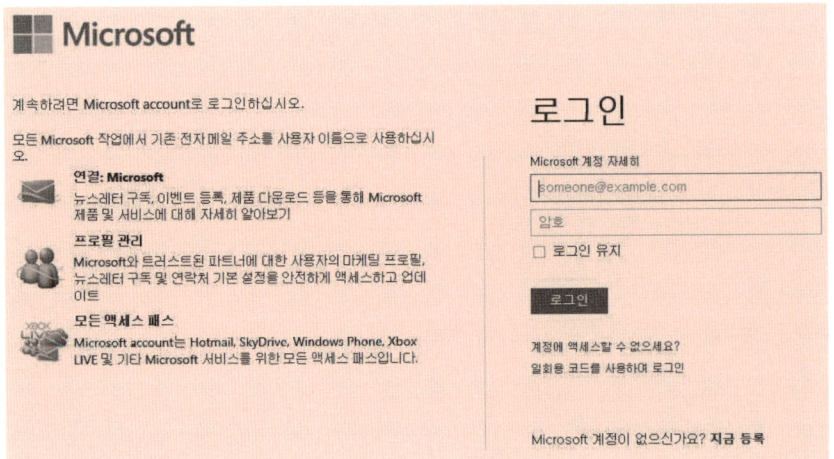

11. 로그인하면 Visual Studio 2012 for Windows Desktop 제품 키를 제공한다.

12. 표시된 제품 키를 복사한 후에 설치 프로그램의 제품 키 입력 화면으로 돌아가 복사한 제품 키를 붙여 넣기 한 후에 다음 단추를 클릭하면 다음과 같이 제품 키로 등록이 완료된다.

13. 닫기 단추를 클릭하면 다음과 같이 Visual Studio 2012 for Windows Desktop이 실행되고 설치가 완료된다.

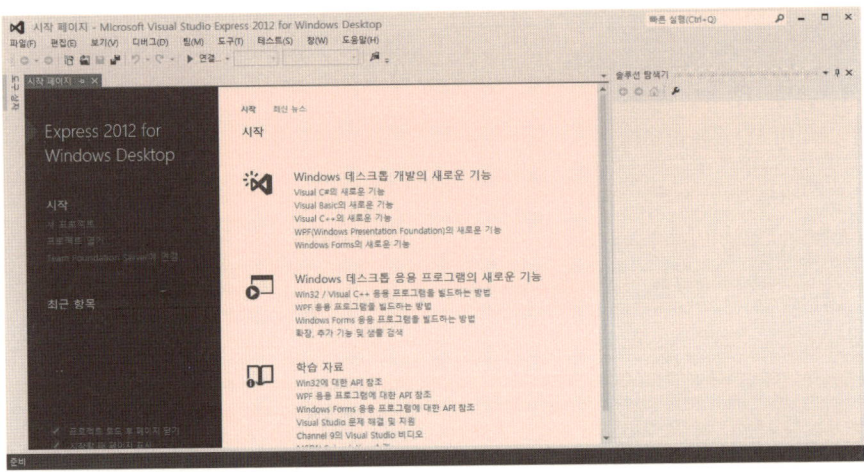

2. g++ 패키지 설치

리눅스에는 여러 가지 다양한 운영체제가 있다. 여기에서는 비교적 가장 많이 사용하는 우분투Ubuntu를 사용하기로 한다. 우분투에서는 gcc라고 하는 C 컴파일러는 제공하지만 C++ 컴파일러인 g++를 기본적으로 제공하지는 않는다. 따라서 우분투에서 C++ 프로그램을 작성하려면 g++ 를 설치해야 한다. g++ 패키지를 설치하는 과정은 다음과 같다. 이때 시스템에는 인터넷이 연결되어 있어야 한다.

1. 터미널terminal을 실행한다.

2. 터미널 창에서 다음 명령을 실행한다.

sudo apt-get install g++

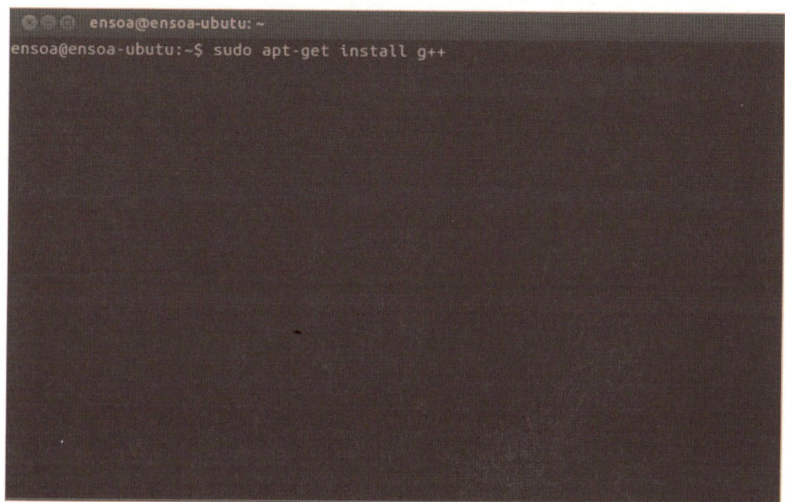

3. 패스워드를 요구하면 슈퍼 유저 계정의 비밀번호를 입력한다.

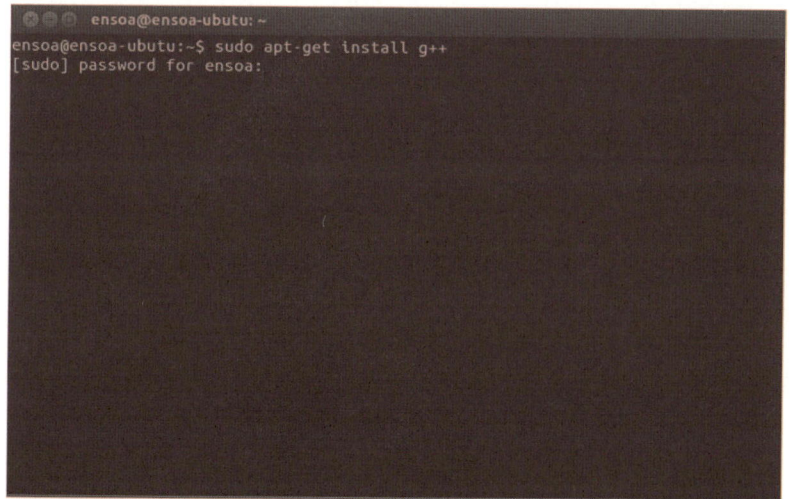

4. 설치가 완료되면 다음과 같은 메시지가 나타난다.

3. Visual Studio Express를 사용한 Hello 프로그램 작성

Visual Studio Express를 사용하여 Hello 프로그램을 작성하는 과정은 다음
과 같다.

1. 파일 메뉴에서 새 프로젝트(H)... 메뉴 항목을 선택한다.

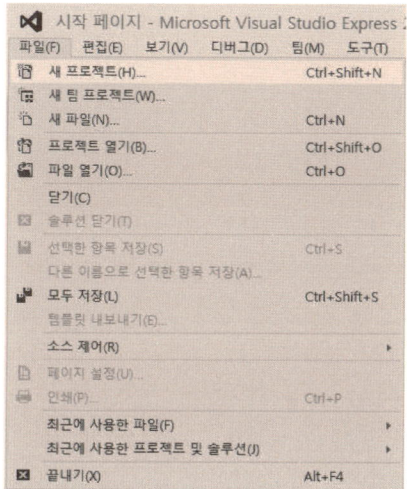

2. 새 프로젝트 대화상자에서 Visual C++와 Win32 콘솔 응용 프로그램을 선택하고 이름 텍스트 상자에 Hello라고 입력한다. 이때 솔루션 이름이 Hello라고 변경된다. 확인 단추를 클릭한다.

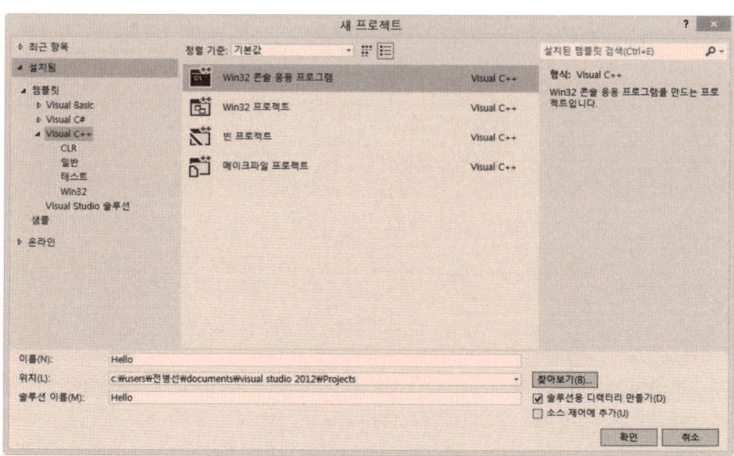

3. Win32 응용 프로그램 마법사 시작 대화상자에서 다음을 클릭한다.

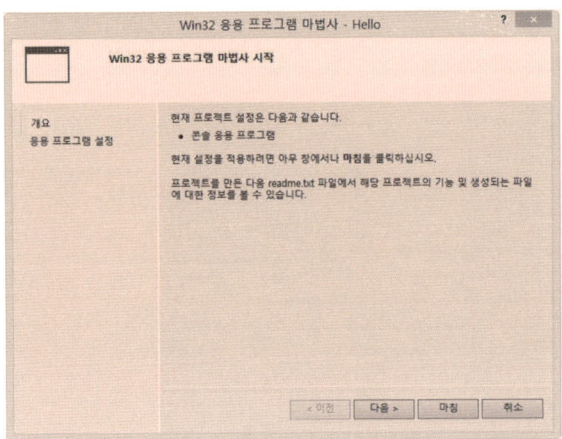

4. 응용 프로그램 설정 대화상자에서 콘솔 응용 프로그램 옵션이 선택되어 있는지 확인하고 미리 컴파일된 헤더와 SDL(Security Development Lifecycle) 검사 체크 상자를 선택하여 체크 상태를 해제시킨다. 그리고 빈 프로젝트 체크 상자를 선택하여 체크 상태로 변경시킨 후에 마침 단추를 클릭한다.

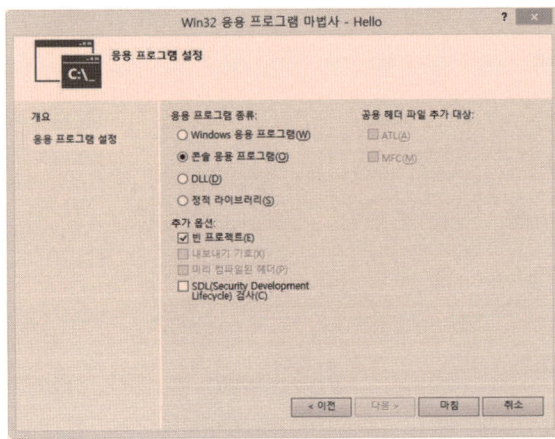

5. 솔루션 탐색기에서 Hello 프로젝트를 선택하고 오른쪽 마우스 단추를 클릭한 후에 추가 및 새 항목 메뉴 항목을 차례로 클릭한다.

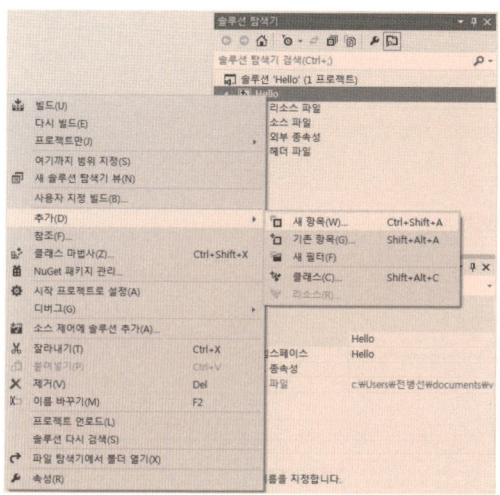

6. 새 항목 추가 대화상자에서 C++ 파일(cpp) 항목을 선택하고 이름 텍스트 상자에 Hello.cpp라고 입력한 후에 추가 단추를 클릭한다.

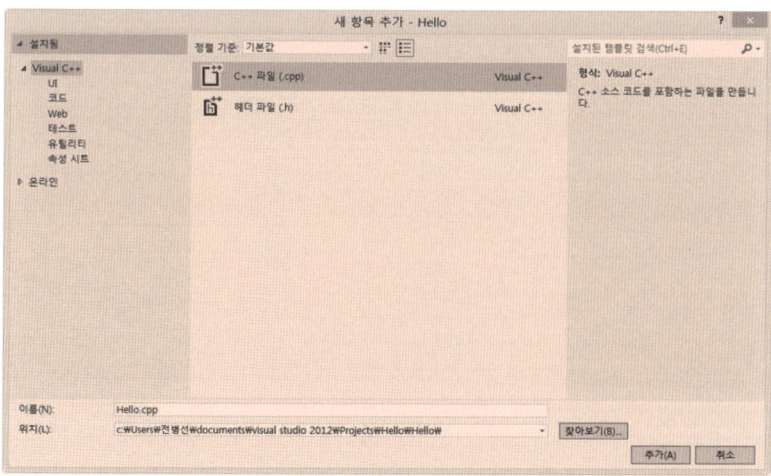

7. Hello.cpp 파일이 생성되면 코드 창에 다음 코드를 입력한다.

```cpp
// 이것은 첫 번째 C++ 프로그램입니다.
#include <iostream>
#include <string>

using namespace std;

int main( )
{
    string msg = "안녕하세요? 첫 번째 C++ 프로그램입니다!";
    cout << msg << '\n';

    return 0;
}
```

```
Hello.cpp*  ⊉ ✕
(전역 범위)                                     ▾
    // 이것은 첫번째 C++ 프로그램입니다.
 #include <iostream>
  #include <string>

  using namespace std;

 int main( )
  {
      string msg = "안녕하세요? 첫번째 C++ 프로그램입니다!";
      cout << msg << '\n';

      return 0;
  }
```

8. 빌드 메뉴에서 솔루션 빌드 메뉴 항목을 선택하여 빌드한다.

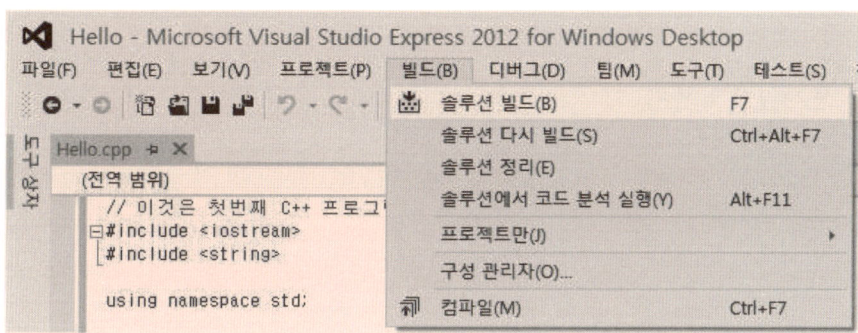

9. 빌드가 성공적으로 수행되면 다음과 같이 출력 창에 결과를 보여준다.

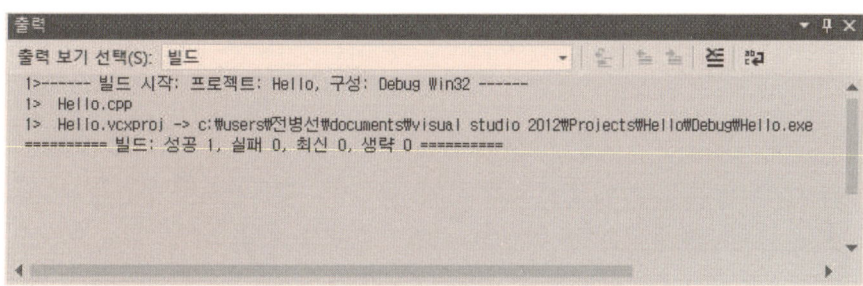

10. 디버그 메뉴에서 디버깅하지 않고 시작 메뉴 항목을 선택한다.

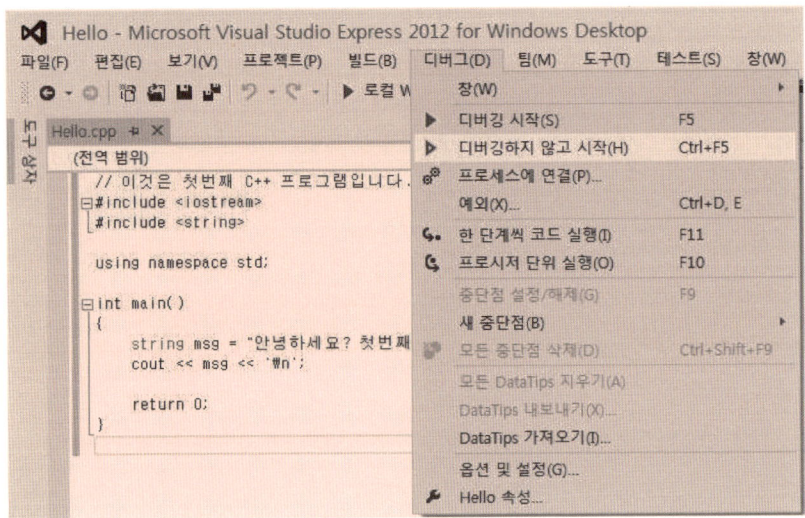

11. 다음과 같이 명령창에 실행 결과를 보여준다.

4. 리눅스 G++ 컴파일러를 사용한 Hello 프로그램 작성

우분투 리눅스에서 G++ 컴파일러를 사용하여 Hello 프로그램을 작성하는 과정은 다음과 같다.

1. 텍스트 편집기 gedit를 실행한다.

2. gedit에서 다음과 같이 코드를 입력한다.

```cpp
// 이것은 첫 번째 C++ 프로그램입니다.
#include <iostream>
#include <string>

using namespace std;

int main( )
{
    string msg = "안녕하세요? 첫 번째 C++ 프로그램입니다!";
    cout << msg << '\n';

    return 0;
}
```

3. 문서 폴더에 Hello.cpp 파일로 저장한다.

4. 터미널을 실행하고 문서 폴더로 이동한다.

5. 터미널에서 다음 명령을 입력한다.

g++ -o hello hello.cpp

6. 성공적으로 빌드되면 다음과 같이 hello 실행 가능한 파일이 생성된다.

7. 터미널 창에서 다음 명령을 입력하여 Hello 프로그램을 실행하면 다음 그림과 같은 결과를 보여준다.

./hello

【 기 호 】

#define 문 190
#define 지시어 234
#ifdef 지시어 236
#ifndef 지시어 236
#include 지시어 234
#undef 지시어 235
& 연산자 80
* 연산자 80, 83, 114
. 연산자 121
: 연산자 146
:: 연산자 139
:: 영역 결정 연산자 140, 162, 188, 198
= 연산자 122
-〉연산자 121

【 A 】

abstract class 182
abstract data type 131
abstraction 127, 128, 130, 135, 136
access specifier 136
address 80
allocator 226, 227
ambiguity 215
argument 97
arithmetic operator 19, 51
array 44, 45
assignment 208
assignment operator 61
attribute 128

【 B 】

base class 154
behavior 128, 129
bit field 133
block 104
bool 33
BOOL 34

boolean 27
boolean operator 59
break 문 74, 76
build 13
built-in function 96

【 C 】

call-by-reference 99
call-by-value 99
calloc( ) 84
casting 39, 159, 210
catch 코드 블록 232
char 32
character 25
child class 154
class 130
class 예약어 135
class template 218, 221
code block 66
collection 225
comment 22
comparison operator 19, 56
compilation error 230
compile 13
compile error 16
compound statement 66
concrete class 182
conditional statement 67
const 41
const 키워드 192, 193, 194
constant 17, 24, 147
constant member function 193
constant object 193
constant pointer 93, 147
constant variable 192
constructor 136, 144
continue 문 76
conversion 210
conversion constructor 211
conversion operator 211, 212

copy constructor   209

【 D 】

data hiding   127, 137, 142
data member   128, 135
data type   16, 17, 27
declare   18, 35, 107
default   37
default argument   109
default constructor   145
default copy constructor   210
default destructor   150
default value   108, 109
delete 연산자   85, 88, 151, 152, 184
derived class   154
destructor   136, 149
development environment   12
directive   22
directives   234
divide and conquer   126
do..while 문   74
double linked list   227
double pointer   82
dynamic array   226
dynamic binding   177, 185
dynamicallocation   84

【 E 】

early binding   177
element   44
embedded object   202
encapsulation   127, 136, 142
enum 키워드   42
enumeration   42
escape sequence   21, 25
exception   231
exception handler   231
executable file   13
explicit casting   40
extern 키워드   107

【 F 】

false   33
FALSE   34

fixed point   31
floating point   30
for 문   75
free 함수   86
function   15, 96
function body   97
function call   98
function declaration   96
function definition   97
function name   97
function overloading   111
function pointer   113
function prototype   98
function signature   98
function template   218, 219

【 G 】

gabage collector   86
garbage   20, 36, 87, 107
get 멤버 함수   137
get/set 멤버 함수   137
global   140
global variable   106, 132
header file   96, 134
hierarchy   127

【 I 】

identifier   20
identity   128, 129
if 문   67
implicit casting   39
increment and decrement operator   52
inheritance   154
initialization   19, 36, 208
inline 키워드   191, 192
inline function   190, 192
instance   131, 136, 143
int   28
integer   24
interface   127
iterator   227, 228

【 K 】

keyword   16

【 L 】

late binding 177
LIFO(Last-In-First-Out) 100
link 13
list 225, 227
local variable 100, 104, 132
logic error 230
logical operator 59
long 28
long long 28
loop statement 72

【 M 】

main( ) 함수 16
malloc( ) 84
member 119
member function 129, 135
memory leakage 85
modularity 127
module 126
MSB(most significant bit) 29

【 N 】

namespace 21, 188
new 연산자 84, 120, 121, 143, 151, 152

【 O 】

object 126, 128, 136, 143
object file 13
object orientation 126
operand 50
operator 19, 50
operator 키워드 204, 212
operator overloading 142, 203
overloading 144, 221
override 156
overriding 162, 168, 169, 174, 175, 182

【 P 】

parameter 96
parameter list 97
parameterized type 218

parent class 154
pointer 80
pointer assignment 86
pointer constant 114
pointer variable 80
polymorphism 172
pop 100
preprocessor 234
preprocessor directives 20, 234
primitive data type 118, 131
private 159
private 접근 지정자 137
private member 137
procedural language 131
program control 98
promotion 39
property 128
protected 160, 161
prototype 109, 139
public 159
public 접근 지정자 136
public member 137
pure virtual function 181
push 100

【 R 】

read-only 41
real 24
reference 91, 103, 164
relational operator 56
return 16
return 문 144
return type 97
runtime error 230

【 S 】

scope 104, 151
scope resolution operator 107, 140
sending message 129, 149
set 멤버 함수 137
short 28
side effect 190
signature 109
signed 29
sizeof 연산자 120
source code 13

stack 100
standard function 96
standard library 18, 33, 96
standard template library 225
state 128
statement 16, 66, 234
static 키워드 108, 196, 199
static binding 177
static data member 196
static member function 199
static variable 108, 196
STL 225
string 18, 20, 26, 33, 47
string 클래스 206
struct 예약어 135
struct 키워드 119
structure 118
structure tag 119
sub class 154
super class 154
switch...case 문 70

【 T 】

template 130, 218
this 포인터 147, 200
throw 문 231, 233
token 17
true 33
TRUE 34
truncation 40
try 코드 블록 231
typedef 문 119

【 U 】

unicode 33
unsigned 29
user-defined data type 118, 131
user-defined function 96
using 지시어 189

【 V 】

variable 18, 34
vector 225, 226
virtual 키워드 176, 184

virtual destructor 184
virtual function 169, 174, 175
virtual function table 179
virtual machanism 185
vtable 179

【 W 】

wchar_t 33
while 문 73
white space 17

【 ㄱ 】

가비지 87
가비지 컬렉터 86
가상 메커니즘 185
가상 소멸자 184
가상 함수 169, 174, 175, 176, 178
가상 함수 테이블 179
가수부 31
값으로 호출 99
값으로 호출 방식 100
개발 환경 12
객체 126, 128, 136, 143
객체지향 126
계층성 127
고정소수점 31
공개 159
공개 멤버 137, 158, 162
공백 문자 17, 37
관계 연산자 56
구조체 118
구조체 태그 119
구체 클래스 182
기본 데이터 타입 118, 131
기본값 109
기초 클래스 154, 163

【 ㄴ 】

나누어서 정복한다 126
내장 함수 96
네임스페이스 21, 188
논리 에러 230
논리 연산자 59

【 ㄷ 】

다형성 172, 175
단항 연산자 55
대입 208
대입 연산자 19, 36, 61
데이터 감추기 127, 137, 142
데이터 멤버 128, 135, 138
데이터 타입 16, 17, 27
동적 바인딩 177, 178, 185
동적 배열 226
동적 할당 84
디폴트 37
디폴트 값 108
디폴트 복사 생성자 210
디폴트 생성자 145
디폴트 소멸자 150

【 ㄹ 】

레퍼런스 91, 103, 164
리스트 225, 227
링크 13

【 ㅁ 】

매개변수 96
매개변수 기본값 109
매개변수 목록 97
매개변수가 있는 데이터 타입 218
매크로의 부작용 190
메모리 누수 85
메시지 보내기 129, 149
멤버 119
멤버 대 멤버 치환 123, 208
멤버 함수 129, 135, 139, 141
명령문 66, 234
명시적 타입 변환 40
모듈 126
모듈성 127
모호성 215
문자 25
문자열 26, 33, 47
문장 16, 66

【 ㅂ 】

반복문 72

반환타입 97
배열 44, 45, 89
벡터 225, 226
변수 18, 34
변환 210
변환 생성자 211
변환 함수 211, 212
보호 160, 161
보호 멤버 162
복사 생성자 209
복합문 66
부동소수점 30
부모 클래스 154
불리안 27
불리안 연산자 59
블록 104
비공개 159
비공개 멤버 137
비교 연산자 19, 56
비트 필드 133
빌드 13

【 ㅅ 】

사용자 정의 데이터 131
사용자 정의 데이터 타입 118, 133
사용자 정의 함수 96
산술 연산자 19, 51
상속성 154
상수 17, 24, 147
상수 객체 193, 194
상수 멤버 함수 193
상수 변수 192
상수 포인터 93, 147
상태 128
생성자 136, 144
서브 클래스 154
선언 18, 35, 107
선행처리기 234
선행처리기 지시어 20, 234
소멸자 136, 149, 150
소스 코드 13
속성 128
수수 가상 함수 181
슈퍼 클래스 154
스택 100
시그너처 109
식별자 20

실수 24
실행 에러 230
실행 파일 13
쓰레기 20, 36, 107

【 ㅇ 】

아스키ASCII 32
암시적 타입 변환 39
연산자 19, 50
연산자 오버로딩 142, 203, 206, 208
연산자 우선순위 62
열거자 228
열거형 42
영역 104, 151
영역 결정 연산자 107
예외 231
예외 처리기 231
오버로딩 144, 221
오브젝트 파일 13
요소 44
원형 109, 139
유니코드 33
이스케이프 시퀀스 21, 25
이중 연결 리스트 227
이중 포인터 82
인라인 함수 190, 192
인수 97
인스턴스 131, 136, 143
인터페이스 127
일반 클래스 멤버 200
읽기 전용 41

【 ㅈ 】

자식 클래스 154
잘라내기 40
재정의 156, 162, 168, 169, 174, 175, 182
전역 140
전역 변수 106, 132, 195, 200
전역 함수 200
절차적 언어 131
접근 지정자 136
정수 24
정수 데이터 타입 27
정적 데이터 멤버 196, 197
정적 멤버 200
정적 멤버 함수 199

정적 바인딩 177
정적 변수 108, 196
정적 클래스 멤버 200
정체성 128, 129
조건문 67
주석 22
주소 80
증감 연산자 52
지수부 31
지시문 234
지시어 22
지역 변수 100, 104, 132
지연 바인딩 177
집합 225

【 ㅊ 】

참조로 호출 99
참조로 호출 방식 102
초기 바인딩 177
초기화 19, 36, 208
추상 클래스 182
추상적인 데이터 타입 131
추상화 127, 128, 130, 135, 136

【 ㅋ 】

캡슐화 127, 136, 142
컴파일 13
컴파일 에러 16, 230
코드 블록 66
클래스 130
클래스 선언 134
클래스 템플릿 218, 221
키워드 16

【 ㅌ 】

타입 변환 39, 159, 210
템플릿 130, 218
토큰 17
특성 128

【 ㅍ 】

파생 클래스 154, 156, 158, 163
팝 100

포인터 80, 89, 102
포인터 대입 86
포인터 변수 80
포인터 상수 114
포함 객체 202
표준 라이브러리 18, 33, 96
표준 템플릿 라이브러리 225
표준 함수 96
푸시 100
프로그램 제어 98
프로모션 39
피연산자 50

【 ㅎ 】

할당자 226, 227
함수 15, 96, 126
함수 몸체 97
함수 선언 96
함수 시그너처 98
함수 오버로딩 111
함수 원형 98
함수 정의 97
함수 템플릿 218, 219
함수 포인터 113
함수 호출 98
함수명 97
행위 128, 129
헤더 파일 96, 134